T0259967

Methodische Werkstoff- und Prozessentwicklung für die additive Serienproduktion von automobilen Strukturkomponenten

Vom Promotionsausschuss der
Technischen Universität Hamburg

zur Erlangung des akademischen Grades

Doktor-Ingenieur
(Dr.-Ing.)

genehmigte Dissertation

von
Andreas Lutz

aus
Sigmaringen

2023

1. Gutachter: Prof. Dr.-Ing. Claus Emmelmann
2. Gutachter: Prof. Dr.-Ing. Gerd Witt
3. Gutachter: Dr.-Ing. Michael Lahres

Tag der mündlichen Prüfung: 16. August 2022

Light Engineering für die Praxis

Reihe herausgegeben von

Claus Emmelmann, Hamburg, Deutschland

Technologie- und Wissenstransfer für die photonische Industrie ist der Inhalt dieser Buchreihe. Der Herausgeber leitet das Institut für Laser- und Anlagensystemtechnik an der Technischen Universität Hamburg sowie die Fraunhofer-Einrichtung für Additive Produktionstechnologien IAPT. Die Inhalte eröffnen den Lesern in der Forschung und in Unternehmen die Möglichkeit, innovative Produkte und Prozesse zu erkennen und so ihre Wettbewerbsfähigkeit nachhaltig zu stärken. Die Kenntnisse dienen der Weiterbildung von Ingenieuren und Multiplikatoren für die Produktentwicklung sowie die Produktions- und Lasertechnik, sie beinhalten die Entwicklung lasergestützter Produktionstechnologien und der Qualitätssicherung von Laserprozessen und Anlagen sowie Anleitungen für Beratungs- und Ausbildungsdienstleistungen für die Industrie.

Andreas Lutz

Methodische Werkstoff- und Prozessentwicklung für die additive Serienproduktion von automobilen Strukturkomponenten

Andreas Lutz
Technische Universität Hamburg
Lörrach, Deutschland

ISSN 2522-8447 ISSN 2522-8455 (electronic)
Light Engineering für die Praxis
ISBN 978-3-662-66531-2 ISBN 978-3-662-66532-9 (eBook)
https://doi.org/10.1007/978-3-662-66532-9

Die Deutsche Nationalbibliothek verzeichnet diese Publikation in der Deutschen Nationalbibliografie; detaillierte bibliografische Daten sind im Internet über http://dnb.d-nb.de abrufbar.

Planung/Lektorat: Alexander Gruen
Springer Vieweg ist ein Imprint der eingetragenen Gesellschaft Springer-Verlag GmbH, DE und ist ein Teil von Springer Nature.
Die Anschrift der Gesellschaft ist: Heidelberger Platz 3, 14197 Berlin, Germany

Kurzfassung

Methodische Werkstoff- und Prozessentwicklung für die additive Serienproduktion von automobilen Strukturkomponenten

Schlagworte: Selektives Laserstrahlschmelzen, Aluminium, Strukturkomponenten, Karosserie, Crash, Korrosion, Mikroanalytik, Werkstoffinnovation, Absicherungsmethodik

Der pulverbettbasierte Laserstrahlschmelzprozess als formenunabhängiges Urformverfahren mit hoher Detailauflösung bietet die Möglichkeit, endkonturnahe und hochkomplexe metallische Strukturen zu erzeugen. In Kombination mit adaptiven Werkstoffsystemen ist eine variantenreiche, stückzahlunabhängige Fertigung realisierbar, was insbesondere für die Automobilindustrie mit einer Vielzahl von Fahrzeugderivaten und konsequenten Leichtbaukonzepten von besonderem Interesse ist. Gegenwärtig ist eine weitreichende Verbreitung im Karosseriebau nicht gegeben, was unter anderem mit einem vielfach eingeschränkten Verformungsvermögen additiv gefertigter Materialien sowie aufwendigen Freigabeprozessen der Automobilhersteller zu begründen ist. Zugleich sind grundlegende Kenntnisse über das Materialverhalten unter Einsatzbedingungen, insbesondere in Bezug auf Crash und Korrosion, weiter unzureichend. Im Rahmen dieser Arbeit wird, neben der branchenüblichen Aluminiumlegierung AlSi10Mg, die Legierungsneuentwicklung AlSi3,5Mg2,5MnZr in Bezug auf karosseriespezifische Anforderungskriterien analysiert und mittels thermischer Nachbehandlung in Richtung hoher Duktilität optimiert. Durch mikroanalytische Charakterisierungsmethoden wird ein umfassendes Verständnis der makroskopischen Werkstoffeigenschaften ermöglicht. Aufbauend auf quasistatischen, uniaxial ermittelten Materialkennwerten werden weiterführend das Verformungsverhalten bei unterschiedlichen Spannungszuständen, das lokale Plastizitäts- und Versagensverhalten sowie die Dehnratenempfindlichkeit identifiziert und begleitend in ein geeignetes Material- und Schädigungsmodell für die simulationsgestützte Bauteilauslegung überführt. Mithilfe von hochdynamischen Deformationsversuchen an rohrförmigen Prinzipstrukturen kann die grundlegende Eignung für bestimmte crashrelevante Anwendungsfälle belegt werden. Durch elektrochemische Charakterisierungsmethoden, Klimawechseltests und Immersionsprüfungen lässt sich zeigen, dass die prozessinhärente höchst-feinkörnige Gefügemorphologie von beiden additiv verarbeiteten Legierungen tendenziell keine erhöhte Korrosionsanfälligkeit im Vergleich zu AlSi10Mg aus dem Vakuum-Druckgussprozess aufweist. Ferner können die Haftung und die Beständigkeit serieller Korrosionsschutzschichten nachgewiesen werden. Abschließend wird ein Ansatz für eine modifizierte Werkstoffinnovations- und Absicherungsmethodik vorgestellt, mit dem in Kombination mit Handlungsempfehlungen zukünftige automobile Werkstoffentwicklungen im Bereich additiver Fertigungstechnologien zielführend unterstützt werden können.

Abstract

Methodical material and process development for the additive serial production of automotive structural components

Keywords: Laser powder bed fusion, aluminum, structural components, body-in-white, crash, corrosion, material analytics, material innovation and validation

The laser powder bed fusion technology (LPBF), a mold-independent primary shaping process, offers the possibility of producing near-net shape metallic structures with high geometrical complexity. In combination with adaptive material systems, this process makes feasible a multi-variant part production independent of produced units. These features are of particular importance for the automotive industry, which must produce multiple vehicle variants and resolute lightweight car architectures. At present, body-in-white applications are still uncommon due to the limited deformability of additive manufactured materials. Hence, energy absorption behavior in the event of a crash incident is insufficient. In addition, comprehensive knowledge of material behavior based on field conditions is limited, especially regarding crashes and corrosion. Furthermore, car manufacturers have time-consuming release processes that hinder the fast development of the technology. The present research investigates the commonly known aluminum alloy AlSi10Mg and the novel LPBF-specific alloy AlSi3,5Mg2,5MnZr, which is applied to car-specific requirements in particular. Different post-thermal annealing options allow for modifications that lead to high ductility levels. Microscopic and microanalytical evaluation techniques enable a comprehensive understanding of macroscopic material behavior. In addition to quasi-static uniaxial material properties, further findings on the deformation characteristics under varying states of stress, local plasticity, damage and strain rate dependency can be transferred into a material and damage model featuring simulation-driven part design. High dynamic crash tests of tubular structures demonstrate the proof of concept. Electrochemical analyses, accelerated climatic change and immersion tests reveal no significant change in corrosion susceptibility for both alloys compared to AlSi10Mg manufactured by traditional vacuum die casting. Furthermore, the adhesion and persistence of serial coating technologies can be ensured. In conclusion, this study describes a modified material innovation and validation approach, which will feature efficient material developments in the automotive industry's future.

Inhaltsverzeichnis

Kurzfassung V

Abstract VI

Inhaltsverzeichnis VII

1 Einleitung 1

2 Stand des Wissens 5

   2.1 Werkstoffauswahl und -freigabeprozesse im automobilen
       Karosseriebau 5

   2.2 Anforderungsprofile im Karosseriebau 9

   2.3 Pulverbettbasiertes Laserstrahlschmelzen von Aluminiumlegierungen 11

   2.4 Mechanische Eigenschaftsprofile von LPBF-Aluminiumlegierungen 12

   2.5 Werkstoffverhalten unter crashartigen Belastungsbedingungen 16

   2.6 Korrosion von LPBF-Aluminiumlegierungen 17

   2.7 Schlussfolgerungen 21

3 Zielsetzung und Vorgehensweise 23

4 Themenspezifische Grundlagen 25

   4.1 Legierungssysteme – Aluminium 25

       4.1.1 Physikalische Eigenschaften der Legierungselemente 25

       4.1.2 Gefügeaufbau und Einflüsse der Legierungselemente 25

       4.1.3 Legierungssysteme – AlSi10Mg und AlSi3,5Mg2,5MnZr 30

       4.1.4 Wärmebehandlung und Mikrostruktur 33

   4.2 Grundlagen – Crash 37

       4.2.1 Dehnratenabhängigkeit der Werkstoffkennwerte 37

       4.2.2 Grundmaterialcharakterisierung und Simulation des
            Versagensverhaltens 38

       4.2.3 Crashverhalten metallischer Energieabsorptionsstrukturen 44

   4.3 Grundlagen – Korrosion 48

       4.3.1 Aluminiumkorrosion 49

       4.3.2 Korrosionsarten – Grundmetall 50

       4.3.3 Korrosionsschutz im Automobilbau und Schadensarten von
            Beschichtungen 54

5 Versuchsmethoden, Anlagenkonfigurationen und Messtechnik 57

   5.1 Prüfkörperherstellung, Werkstoffanalytik und mechanische Prüfung 57

       5.1.1 LPBF-Anlagenkonfigurationen und Fertigungsbedingungen 57

            5.1.2   Werkstoffanalytik 58
            5.1.3   Mechanische Werkstoffprüfung 62
        5.2   Versuchsmethodik – Crash 63
            5.2.1   Hochgeschwindigkeitszugversuch 63
            5.2.2   Quasistatischer Stauchversuch 65
            5.2.3   Hochdynamischer Stauchversuch 65
        5.3   Versuchsmethodik – Korrosion 67
            5.3.1   Elektrochemische Untersuchung 67
            5.3.2   Klimawechselprüfungen 68
            5.3.3   Interkristalline Korrosion 70
            5.3.4   Spannungsrisskorrosion 71
            5.3.5   Konditionierung der Prüfkörper 71

6   **Werkstoffcharakterisierung und Gefügemorphologie** **73**
        6.1   Quasistatische mechanische Kennwerte im Fertigungszustand 73
        6.2   Thermo-physikalische Eigenschaften 75
        6.3   Einfluss unterschiedlicher Wärmebehandlungen 77
        6.4   Dichte, Textur, Gefüge- und Phasenuntersuchung 82
        6.5   Zwischenfazit – Werkstoffcharakterisierung 92

7   **Crash** **93**
        7.1   Dehnratenabhängigkeit der Werkstoffkennwerte 93
        7.2   Fraktographie 96
        7.3   Materialverhalten unter mehrachsiger Belastung und Simulation 98
        7.4   Deformation dünnwandiger Strukturen unter quasistatischer
                Stauchbelastung 102
        7.5   Deformation dünnwandiger Strukturen unter schlagartiger
                Stauchbelastung 106
        7.6   Zwischenfazit – Crash 109

8   **Korrosion** **111**
        8.1   Elektrochemische Untersuchung 111
        8.2   Klimawechselprüfung nach DIN EN ISO 11997-1 113
        8.3   Klimawechselprüfung nach VDA 233-102 116
        8.4   Interkristalline Korrosion 118
        8.5   Spannungsrisskorrosion 119
        8.6   Zwischenfazit – Korrosion 120

9   **Methodische Werkstoffentwicklung für eine erweiterte**
    Serienintegration **123**
        9.1   Methodischer Entwicklungsprozess für metallische AM-Werkstoffe 123

9.2   Handlungsempfehlungen zur erweiterten Serienintegration 129

10 Zusammenfassung und Ausblick **131**

Literaturverzeichnis **135**

Formelzeichen und Abkürzungen **157**

Appendix **161**

A1:   Literaturangaben zu mechanischen Kennwerten branchenüblicher
        Aluminiumlegierungen 161

A2:   Wärmebehandlungsmodifikationen - AlSi10Mg (in Kapitel 6.3) 165

1 Einleitung

Die Automobilindustrie steht in der derzeitigen Transformation zur nachhaltigen Mobilität vor zukunftsweisenden Herausforderungen in einem disruptiven Geschäftsumfeld. Durch neue Technologien und Serviceleistungen ergeben sich veränderte Handlungsfelder, die zusammenfassend durch die Kernthemen Connected, Autonomous, Shared & Services und Electric umrissen werden können.

Dieser Weg führt in einem Spannungsfeld zwischen Ökonomie, Ökologie und gesamtgesellschaftlicher Verantwortung aufgrund unterschiedlicher Antriebskonzepte und Karosseriebauformen zu einer zunehmenden Diversifizierung der Fahrzeuge. Sowohl durch die stetig steigenden gesetzlichen Auflagen als auch durch veränderte Kundenanforderungen wird die Entwicklung von neuartigen ressourcenschonenden Leichtbaukonzepten erzwungen.

Die hohe Produkt- und Variantenvielfalt hat allerdings zur Folge, dass das variantenabhängige Leichtbaupotential häufig nicht vollständig ausgeschöpft werden kann. Komplexe Strukturbauteile, wie beispielweise ein Federbeindom, werden üblicherweise im Druckgussverfahren hergestellt und müssen auf den höchsten Belastungsfall ausgelegt werden. Angesichts hoher Werkzeugkosten wird eine Einheitsstruktur erforderlich, die dann für alle Fahrzeugderivate in einem Modul-Plattformmodell übernommen wird. Zudem resultieren unterschiedliche nationale Gesetzgebungen, insbesondere bei Fahrzeugmodellen mit geringem Produktionsvolumen (Kleinserien), oft in einer unwirtschaftlichen Kleinmengenfertigung von Komponenten mit hoher Komplexität.

Der Einsatz von additiven Fertigungsverfahren, umgangssprachlich auch 3D-Druck genannt, kann dabei neue Möglichkeiten zur effizienten Erzeugung von nachhaltigen Leichtbaustrukturen bieten [EMM11, KRA17]. Durch speziell konfektionierbare Werkstoffe und lastpfadoptimierte Bauteile könnte das – je nach Fahrzeugderivat – vorhandene Gewichtseinsparpotential vollumfänglich ausgeschöpft werden. Folglich besitzt die additive Fertigung das Potential, eine hohe Fahrzeugdiversität sowie individualisierte Fahrzeugkonzepte ressourceneffizient zu ermöglichen.

Im Automobilbau sind die additiven Herstellungstechniken im Bereich des Rapid Prototyping zur Generierung von Design- und Funktionsmodellen sowie im Bereich Rapid Tooling zur Erzeugung von Betriebsmitteln und Werkzeugen bereits seit mehr als 25 Jahren erfolgreich im Einsatz [SKR10, SCH16a, CAV17]. Durch das Rapid Manufacturing, das sich durch die Herstellung von verkaufsfähigen Endprodukten an den Kunden deutlich abgrenzt, wird aus Produktabsicherungs- und Haftungsgründen ein bedeutend höherer Reifegrad der Technologie erforderlich [CAV17].

© Der/die Autor(en), exklusiv lizenziert an
Springer-Verlag GmbH, DE, ein Teil von Springer Nature 2023
A. Lutz, *Methodische Werkstoff- und Prozessentwicklung für die additive
Serienproduktion von automobilen Strukturkomponenten*, Light Engineering
für die Praxis, https://doi.org/10.1007/978-3-662-66532-9_1

Im Bereich des pulverbettbasierten Laserstrahlschmelzens (engl.: Laser Powder Bed Fusion – LPBF, auch Selective Laser Melting – SLM) konnte durch eine signifikante Industrialisierung der Produktionsanlagen in den 2010er Jahren durch die Systemanbieter sowie durch umfassende Grundlagen- und anwendungsorientierte Forschung ein tiefgreifendes Prozessverständnis erreicht werden [SKR10, BUC13, KRA17, MEI18, MÖH18, LAC18, ABO19, SCH20]. Integrierte Prozessketten mit erhöhtem Automatisierungsgrad zur Eliminierung kostenintensiver manueller Prozessschritte sind durch branchenübergreifende Pilotprojekte, wie beispielweise *NextGenAM* [LAH19], bereits umgesetzt.

Die Anzahl an Serienanwendungen und damit die Erschließung der prognostizierten Potentiale differiert aufgrund der unterschiedlichen Branchenanforderungen weiterhin über die führenden Industrien, wie Aerospace, Automobilbau, Medizin, Elektronik und Bauwesen [SCH16a, WOH21]. In der Automobilindustrie beschränkt sich der Serieneinsatz additiv gefertigter metallischer Bauteile bislang meist auf Einzelanwendungsfälle in exklusiven Kleinserien, dekorative Individualisierungsangebote und den Motorsport [WIT17, CAV17, MEI18, BIE19]. Neben einer hohen Kostensensitivität sind es vor allem umfangreiche, zeitintensive Qualifizierungs- und Freigabeprozesse der OEMs, durch die eine zügige Adaption neuer Technologien und Materialien behindert wird [HIL18].

Für den strukturellen Leichtbau im Automobilbau ist das Leichtmetall Aluminium (Al) in unterschiedlichen Legierungsvarianten von besonderem Interesse. Durch ein attraktives Festigkeits-Gewichts-Verhältnis, die hohe Ressourcenverfügbarkeit und die daraus bedingt niedrigen Beschaffungspreise ist diese Werkstoffklasse ein integraler Bestandteil vieler bestehender Leichtbaukonzepte [OST14, PIS16]. Die verfügbare Anzahl an Aluminiumlegierungen für das LPBF-Verfahren ist allerdings noch begrenzt und die Legierungssysteme werden meist aus anderen Herstellungsverfahren, wie beispielsweise dem Guss, übernommen [HER16, HIL18, ABO19, ZHA19]. Neben der industriell am häufigsten verwendeten Aluminiumgusslegierung AlSi10Mg sind noch AlSi7Mg, AlSi12, AlMgty® und die AM-spezifischen Legierungen Scalmalloy® und Addalloy® üblich.

Entscheidende limitierende Faktoren sind derzeit, dass Werkstoffentwicklung häufig entkoppelt von der Anwendungsqualifizierung der Endanwender stattfindet und das notwendige Budget zur gesamtheitlichen Betrachtung außerhalb der meisten Forschungsprojekte liegt. Folglich ergibt sich eine defizitäre Rückkopplung von Anwendungsanforderungen an das Design neuer Legierungs- und Verarbeitungssysteme sowie ein unzureichendes Systemverständnis zwischen Generierungsprozess und Eigenschaftswirkung über den Produktlebenszyklus.

Zu bestehenden Materialien sind zahlreiche wissenschaftliche Studien in Bezug auf die mechanischen Kennwerte (R_m, $R_{p0.2}$, A) sowie die prozessbedingten Einflüsse und Auswirkungen von Wärmebehandlungen zu finden. Die Auslegung der Prozesskette zielt meist auf eine hohe Festigkeit, hohe Dichte, geringen Verzug und eine geeignete Oberfläche ab. Hauptnachteil ist vielfach eine geringe Duktilität und daraus folgend ein sprödes Versagensverhalten [ABO19]. Für hochbelastete Karosseriekomponenten im Automobil hingegen ist das Umform- und Deformationsvermögen von grundlegender Bedeutung. Einige Applikationskonzepte zu bionisch optimierten und generativ erzeugten Fahrzeugstrukturen sind *3i-PRINT* [HER18], *Divergent3D* [DIV16] oder der *NextGen Spaceframe 2.0* [HIL19]. Die Einsetzbarkeit solcher Strukturen in Serienanwendungen ist indes erst gegeben, sobald die erforderlichen Festigkeits- und Duktilitätskennwerte erreicht und die Fahrzeughersteller ihre Anwendungsqualifizierung und validierenden Freigabeprozesse durchlaufen haben [HIL18].

Die technologiebezogenen Betrachtungsbereiche dieser Freigabeprozesse können herstellerübergreifend, neben der grundlegenden Werkstoff- und Herstellungstechnik, in die vier Bereiche *Betriebsfestigkeit*, *Crash*, *Korrosion* und *Fügetechnik* kategorisiert werden. Für die Betriebsfestigkeit und Fügetechnik sind bereits umfangreiche Untersuchungen vorhanden [SID15, SID17a, SID17b, BEE18, FIE20]. In begrenztem Maße lassen sich auch Studien zum Korrosionsverhalten von additiv gefertigtem Aluminium finden [CAB16a, CAB16b, GHA18, CAB19a, FAT19, RAF19, FIE20]. In Bezug auf den schlagartigen Belastungsfall (Crash) besteht eine äußerst geringe publizierte Wissensbasis [ROS17, MOH19, ALK19].

Zu Gunsten einer additiven Serienproduktion soll durch diese Arbeit eine systematische Wissensgrundlage zur Einsatzfähigkeit bestehender und neuartiger LPBF-Aluminiumlegierungen für automobile Karosserieanwendungen geschaffen werden. Neben der Erforschung grundlegender Ursache-Wirkungs-Beziehungen zwischen Gefügemorphologien und makroskopischen Eigenschaften sind das Einsatzverhalten unter crashartiger Belastung sowie die Auswirkungen von korrosiven Umgebungsbedingungen zu sondieren. Ferner gilt es, Ansätze und Möglichkeiten zu identifizieren, die eine agile Werkstoffinnovations- und Prozessentwicklungsmethodik fördern und in Kombination mit Handlungsempfehlungen zukünftige automobile AM-Werkstoffentwicklungen effizient unterstützen.

2 Stand des Wissens

2.1 Werkstoffauswahl und -freigabeprozesse im automobilen Karosseriebau

In der heutigen Großserienproduktion von Fahrzeugen dominieren im Karosseriebau anforderungsspezifische, werkstofftechnische Systemlösungen mit einer breiten Materialvielfalt, vorwiegend hochfeste und vergütete Stähle, Leichtmetalle (z. B. Al- oder Mg-basiert) sowie thermo- und duroplastische Kunststoffe [PIS16]. Die Werkstoffauswahl ist dabei von einer Vielzahl an oft in einem Zielkonflikt zueinanderstehenden Anforderungen abhängig (vgl. Bild 2-1). Die Selektionsvielfalt wird maßgeblich durch die Marktsegmentpositionierung und damit von Stückzahlen und dem Verkaufspreis beeinflusst.

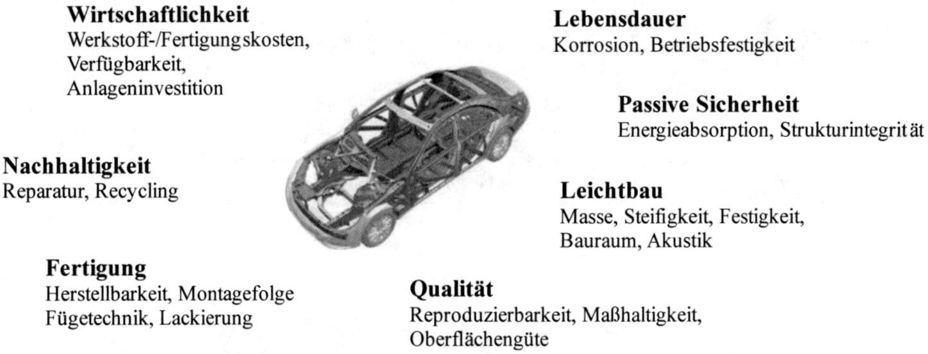
Wirtschaftlichkeit
Werkstoff-/Fertigungskosten, Verfügbarkeit, Anlageninvestition
Lebensdauer
Korrosion, Betriebsfestigkeit
Passive Sicherheit
Energieabsorption, Strukturintegrität
Nachhaltigkeit
Reparatur, Recycling
Leichtbau
Masse, Steifigkeit, Festigkeit, Bauraum, Akustik
Fertigung
Herstellbarkeit, Montagefolge
Fügetechnik, Lackierung
Qualität
Reproduzierbarkeit, Maßhaltigkeit, Oberflächengüte

Bild 2-1: Grundlegende Anforderungen an einen Karosseriewerkstoff (in Anlehnung an [KEL14, PIS16])

In der Großserienproduktion dominiert die Blechschalenbauweise mit überwiegend Stahlwerkstoffen. Mit steigendem Marktsegment sind vermehrt komplexe Mischbauweisen unterschiedlicher Materialien und Werkstoffklassen üblich. Bei Kleinserien, z. B. Sportwagen, sind Gitterrahmenstrukturen aus Strangpressprofilen mit einem hohen Anteil an Leichtmetallen verbreitet [PIS16, FRI17]. Während beispielweise die Rohkarosserie der Mercedes-Benz C-Klasse (W205) einen Stahlanteil von 74,4 % und einen Aluminiumanteil von 24,8 % (0,8 % Kunststoffe) aufweist, besteht die Karosserie des AMG GT (C190) zu einem Anteil von > 90 % aus Aluminiumwerkstoffen. Zu Beginn der Architekturentwicklung einer jeweiligen Fahrzeugbaureihe steht typischerweise ein Materialbaukasten zur Verfügung, der über einen Baureihenfilter, ein Standardportfolio an geeigneten und zulässigen Werkstoffen inklusive Herstellungsverfahren, Werkstoffkennwerte, Materialmodelle, Qualitäts- und Prüfvorschriften sowie Einschränkungen bezüglich Verwendung und Fertigung enthält. Für eine weitreichende Serienintegration neuer Werkstoffe oder

A. Lutz, *Methodische Werkstoff- und Prozessentwicklung für die additive Serienproduktion von automobilen Strukturkomponenten*, Light Engineering für die Praxis, https://doi.org/10.1007/978-3-662-66532-9_2

Fertigungsverfahren, wie die additive Fertigung, ist die Aufnahme in diese Materialbau-
kästen unabdingbar. Voraussetzung hierfür ist eine vorherige allgemeine Werkstoff- und
Prozessfreigabe. Das übergeordnete Ziel besteht dabei in einer bauteilunabhängigen Freigabe zur Vermeidung kosten- und zeitintensiver Einzelteilqualifizierungen. Zur Integration neuer Werkstoffe und Herstellungsverfahren beginnt dieser Absicherungsprozess üblicherweise vier bis sechs Jahre vor Beginn der Serienproduktion (SOP) der Zielbaureihe
und sollte vor der Detailplanung der Fahrzeugproduktionsstrategie, ca. zwei bis drei Jahre
vor SOP, abgeschlossen sein [STA06]. Mit Bild 2-2 wird ein Überblick über die Grundstruktur und Betrachtungsbereiche des Werkstofffreigabeprozesses für Metalle der Mercedes-Benz AG gegeben, wobei dieser in die frühen Phasen des Produktentstehungspro-
zesses (PEP) eingeordnet wird.

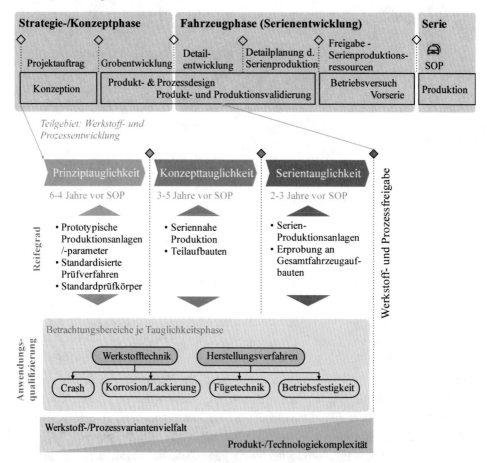

Bild 2-2:   Grundstruktur und Betrachtungsbereiche des Werkstofffreigabeprozesses für Metalle
der Mercedes-Benz AG und Einordnung in den übergeordneten Produktentstehungsprozess (Teilelemente angelehnt an [SEI05, STA06])

Der Ablauf ist an eine kaskadenbasierte Freigabehierarchie, hier Prinzip-/Konzept-/Serientauglichkeit, gekoppelt. Herstellerunabhängig werden diese Freigabeschritte häufig als Quality Gates bezeichnet, da sie sich üblicherweise an sequentiellen Gate-basierten Ablaufplänen orientieren [SEI05, PFE14, GLE21]. Dabei wird in der Prinziptauglichkeitsphase meist anhand normbasierter Prüfungen die generelle Eignung abgesichert. Durch eine erhöhte Werkstoff- und/oder Prozessvariantenvielfalt ist diese Phase der Exploration des Lösungsraums zuzuordnen. Über die Konzepttauglichkeit bis zur finalen Serientauglichkeitsphase nimmt diese Vielfalt ab, während die Produkt- und Technologiekomplexität durch die Betrachtung von größeren Bauteilverbünden oder die Analyse des Gesamtsystems ansteigt. Neben der Prozessierbarkeit des Werkstoffes auf Großserienanlagen und der Verträglichkeit mit anhängigen Produktionsschritten, wie Fügen und Lackieren, sind die Belastungen im Feldeinsatz über die Produktlebenszeit digital zu simulieren und anhand von Erstmustern möglichst realitätsnah zu validieren. Die notwendigen Testabläufe und -bedingungen sowie Bewertungs- und Gütekriterien sind teils in allgemeinen oder herstellereigenen Richtlinien spezifiziert, teils immaterielles Eigentum der OEMs (Original Equipment Manufacturer, hier: Automobilhersteller).

Innerhalb der Tauglichkeitsphasen sind neben der konstituierenden Werkstofftechnik in Kombination mit dem Herstellungsverfahren die Themengebiete Crash, Korrosion, Betriebsfestigkeit und Fügetechnik reifegradabhängig zu betrachten. Fortführend zu Bild 2-2 sind in Bild 2-3 die grundlegend zu erarbeitenden Informationen, Auswahlkriterien und Wirkungsbeziehungen dargestellt. Neben der Charakterisierung des Anwendungsverhaltens in den vier Themengebieten sind im Speziellen anhängige Wechselwirkungen zu identifizieren. Während des Absicherungsprozesses ist eine enge und effiziente Kooperation zwischen dem als Zulieferer auftretenden Werkstoff- bzw. Halbzeughersteller und dem OEM erfolgsentscheidend. Das beidseitig zu tragende finanzielle Risiko hängt maßgeblich vom angestrebten Innovationsgrad ab. Für eine inkrementelle Innovation, beispielsweise die Einführung einer neuen Aluminiumlegierung für den Vakuum-Druckgussprozess, kann ein überschaubares technologisches und konsekutiv ökonomisches Risiko erwartet werden. Radikalen Innovationen, die sich durch die Veränderung des Kernkonzepts auszeichnen, attestiert GLEIß [GLE21] in der Analyse vergangener Werkstoffinnovationsprojekte multiple Risiken auf dem Weg zur erfolgreichen Kommerzialisierung. Diese seien vornehmlich in den vier Dimensionen *Markt* (-akzeptanz, -überschätzung, -sichtbarkeit), *Haftung*, *Kosten* und *Technologie* (Scale-up, Varianten, Entwicklungszeiten) zu sehen. Im Gegensatz zu herkömmlichen Werkstoffen oder Herstellungsverfahren könne der erfolgreiche Einsatz in frühen Phasen häufig nur ungenügend nachgewiesen oder die erwartete Leistungsfähigkeit noch nicht vollumfänglich genutzt werden. Zusätzlich sei das Verhalten der Bauteile in der Anwendung und mögliche Fehlerquellen inklusive deren Behebung meist noch unzureichend erforscht und

dokumentiert. Trotz erster Serienanwendungen trifft diese Sachlage in eingeschränktem
Umfang – gerade bei hochbelasteten und hochfunktionalen Anwendungsfällen – auch auf
die additive Fertigung im Automobilbau zu, weshalb die Technologie weiterhin an der
Schwelle zur Serienproduktion mit bedeutendem Marktvolumen steht [SIE21a]. HILLE-
BRECHT [HIL18, SIE21c] und SCHLINGMANN [SIE21b] erachten die begrenzte Anzahl an
Werkstoffen sowie die herstellerseitig aufwendigen und lang andauernden Freigabepro-
zesse neben ökonomischen Randbedingungen als die größten Hindernisse in der Adaption
der Technologie.

Übersicht zu Themengebieten und Wirkungsbeziehungen der Betrachtungsbereiche
          automobiler Freigabeprozesse für metallische Werkstoffe (in Erweiterung zu Bild 2-2)

Im Allgemeinen ist das Design neuer AM-spezifischer Legierungen durch die komplexe
Prozesskette – *Pulverherstellung, Untersuchung der Prozessierbarkeit* und *Nachbehandlung* sowie *produktspezifische Anwendungsqualifizierung* – kostspielig, weshalb nach
ABOULKHAIR [ABO19] das dafür notwendige Budget meist außerhalb des möglichen Rah-
mens der meisten Forschungsprojekte liegt. Ferner ist die gesamtheitliche Abdeckung und
der Zugang zu den notwendigen Ressourcen häufig nur durch den Verbund von Werk-
stoffhersteller, Produzent (Fertigungsdienstleister) und Anwender (z. B. Fahrzeughersteller) unter Begleitung von universitären und industriellen Forschungseinrichtungen möglich. Durch diesen Umstand hat das deutsche Bundesministerium für Bildung und Forschung (BMBF) die Fördermaßnahme *ProMat_3D* zur Entwicklung innovativer Materialien für die additive Fertigung aufgelegt [BMB17]. Das innerhalb dieser Maßnahme
geförderte Verbundprojekt *CustoMat3D* (Förderkennzeichen: 03XP0101B) hatte das Ziel

eines „*Maßgeschneiderten LAM-Aluminiumwerkstoffs für hochfunktionale, variantenrei-che Strukturbauteile in der Automobilindustrie*" [BMB17]. Ein wesentlicher Teil dieser Arbeit entstand im Rahmen dieses Förderprojekts.

2.2 Anforderungsprofile im Karosseriebau

Die Anforderungen an Werkstoffe variieren je nach Einsatzort und -zweck, weshalb ein differenziertes Werkstoffportfolio sowie adaptive Werkstoffzustände durch thermische Nachbehandlung anzustreben sind. In Tabelle 2-1 sind für Aluminiumwerkstoffe nach Herstellungsverfahren und Ausführungsvariante (AV) untergliederte typische Mindestan-forderungs- und Eigenschaftsprofile für Strukturkomponenten zusammengefasst. Alumi-niumblech- bzw. Walzerzeugnisse zur Kaltumformung sind indes nicht aufgelistet, da eine Substitution sowohl im Prototypenbau als auch in Serienanwendungen aufgrund der Grö-ßenabmessungen, Wandstärkenverhältnisse und Kostenstrukturen für das Laserschmelz-verfahren als derzeit nicht absehbar eingeschätzt wird. Das größte Substitutionspotential wird aufgrund der meist hohen geometrischen Komplexität und mittleren Bauteilvolumina primär im Bereich bisheriger Guss- und Schmiedeteile erwartet, sekundär im Bereich der Strangpressprofile, wodurch über geometrische Flexibilität (z. B. diskontinuierliche Strukturen und Gitter) ein zusätzlicher Produktwert zu erzielen ist.

Neben den in Tabelle 2-1 aufgelisteten Anforderungen sind beispielsweise Kurzzeit- und Langzeit-Wärmestabilität der mechanischen Kennwerte sowie meist herstellungsartspezi-fische Merkmale (Oberflächen, Lieferzustände etc.) bei Fremdvergabe durch den Zuliefe-rer nachzuweisen. Neben der Einhaltung gesetzlicher Vorgaben sind die jeweiligen An-forderungen und Akzeptanzkriterien üblicherweise in herstellerspezifischen Liefervor-schriften und Werksnormen spezifiziert.

Tabelle 2-1:   Typische Anforderungs- und Eigenschaftsprofile für automobile Karosserieanwendungen aus Aluminiumlegierungen* (in Anlehnung an [DBL4918, DBL4953, DBL4927, DBL4919, TL116])

Variante	R_m [MPa]	$R_{p0,2}$ [MPa]	A [%]	α [°]	Eigenschaften	Anwendungsbeispiele
Druckguss						
AV-DG.10	≥ 180	≥ 100	≥ 10	≥ 50	Mittlere Duktilität	Dämpferdom
AV-DG.20	≥ 180	≥ 120	≥ 10	≥ 60	Hohe Duktilität	Querträger, Längsträgerknoten
Kokillenguss						
AV-KG.10	≥ 210	≥ 150	≥ 12	**	Verzugsgefährdete Bauteile	Längsträger hinten
AV-KG.20	≥ 250	≥ 170	≥ 12	**	Kompakte Bauteile mit geringer Verzugsgefahr	Getriebebrücke
AV-KG.30	≥ 290	≥ 220	≥ 6	**	Hohe Festigkeit	Befestigungen/Aufhängungen
Schmiedeteile						
AV-ST.10	≥ 320	≥ 320	≥ 8	**	Hohe Festigkeit	Federbeinkonsole, Türscharnierverstärkung
AV-ST.20	≥ 300	≥ 230	≥ 10	≥ 70	Hohes Verformungsvermögen	Türverstärkung Bordkante
Strangpressprofile						
AV-SP.10	≥ 220	220±20	≥ 11	≥ 120	Crashoptimiert***, temperaturstabil	Längsträger vorn
AV-SP.20	≥ 215	≥ 200	≥ 10	≥ 70	Reduzierte Duktilität	Befestigungswinkel
AV-SP.30	≥ 260	260±20	≥ 10	≥ 110	Hochfest, crashoptimiert, temperaturstabil	Querstrebe Unterboden
AV-SP.40	≥ 305	205±25	**	≥ 90	Hohe Festigkeit, crashoptimiert	Seitenaufprallträger

*Angegebene Werte sind Mindestanforderungen, d. h. tatsächliche Werte können (deutlich) höher liegen / **keine Vorgabe / ***crashoptimiert = hohes, rissfreies plastisches Umformvermögen

2.3 Pulverbettbasiertes Laserstrahlschmelzen von Aluminiumlegierungen

Als Generative Fertigungsverfahren – auch Additive Fertigungsverfahren oder Additive Manufacturing (AM) – werden alle Herstellungstechniken bezeichnet, die eine vorzugsweise schichtweise und automatisierte, direkte Bauteilerzeugung aus 3D-CAD-Daten durch Auf- oder Aneinanderfügen von Volumenelementen ohne produktspezifische Werkzeuge ermöglichen [GEB16]. Gemäß der Normung von Fertigungsverfahren in DIN 8580:2020 [DIN8580] lassen sie sich grundsätzlich der 1. Hauptgruppe *Zusammenhalt schaffen/Urformen* zuordnen, in der die Unterkategorie 1.10 für *Urformen durch Additive Fertigung* geschaffen wurde. Das in dieser Arbeit betrachtete pulverbettbasierte Laserstrahlschmelzen von Metallen ist der Teilkategorie 1.10.5 *Pulverbettbasiertes Schmelzen (PBF)* zuzuordnen.

Auf eine eingehende Darstellung der Verfahrensgrundlagen wird aufgrund der Vielzahl der veröffentlichten Verfahrensbeschreibungen an dieser Stelle verzichtet und stattdessen auf die Publikationen von MEINERS [MEI99] und GEBHARDT [GEB16] sowie auf die referenzierten Quellen dieser Arbeit verwiesen.

Die im pulverbettbasierten Laserstrahlschmelzverfahren derzeit am häufigsten verwendeten Aluminiumlegierungen stammen aus dem Al-Si-System (Legierungsgruppe 4xxxx nach DIN EN 1780-1:2003 [DIN1780]). Dabei wurde in den letzten Jahren neben den Legierungen AlSi7Mg, AlSi9Cu3, AlSi12, AlSi12CuNiMg sowohl in der Wissenschaft als auch in der Industrie ein Hauptaugenmerk auf die Legierungsvariante AlSi10Mg gelegt [HER16, ABO19]. Die aus dem Guss stammende Al-Si-Legierungsgruppe zeichnet sich durch eine gute Schweißbarkeit, geringe Schrumpfung, vergleichsweise geringe Schmelztemperatur, einen niedrigen thermischen Ausdehnungskoeffizienten, gute Korrosionsbeständigkeit und ein gutes Fließverhalten im Gussprozess aus [OST14, TRE17, FIO17]. Analog begünstigen diese Eigenschaften eine komplikationsarme Verarbeitbarkeit im LPBF-Prozess. Durch die prozessspezifische höchst-feinkörnige Mikrostruktur werden im Fertigungszustand erhöhte Festigkeitskennwerte im Vergleich zum Guss ermöglicht [LI16, TRE17]. Optional kann mittels anschließender Wärmebehandlung das Eigenschaftsprofil verändert werden.

In Folge der meist schwierigen Schweißbarkeit von mittel- und höherfesten Al-Legierungsgruppen (6xxx/7xxx) sowie der weiterhin schwierigen Kostensituation im Vergleich zu konventionellen Bauteilen ist die Auswahl an kommerziell verfügbaren Al-Legierungen für den LPBF-Prozess derzeit limitiert [HER16, CRO18, ABO19]. Bis auf wenige Ausnahmen, wie z. B. *Scalmalloy®*, *AlMgty®* und *Addalloy®*, sind LPBF-spezifische Aluminiumlegierungen kaum vorhanden.

2.4 Mechanische Eigenschaftsprofile von LPBF-Aluminiumlegierungen

Das Eigenschaftsportfolio der laserstrahlgeschmolzenen Aluminiumlegierungen variiert je nach Legierungskonstitution, Fertigungsanlage, Prozessführung, Wärmebehandlung und Prüfbedingungen. Eine Auswahl von in der Literatur angegebenen mechanischen Kennwerten unter Angabe der jeweiligen Legierung und Wärmebehandlung kann in Appendix A.1 eingesehen werden. Eine Gegenüberstellung der Anforderungsprofile aus Tabelle 2-1 und der vielfältigen Literaturkennwerte zu Bruchdehnung und Dehngrenze findet sich in Bild 2-4. Einen umfassenden Literaturüberblick geben PONUSAMY ET AL [PON20]. Die mikrostrukturellen Mechanismen während unterschiedlicher Wärmebehandlungsstrategien werden in Unterkapitel 4.1.4 diskutiert.

Für Karosseriekomponenten ist ein hohes Umform- und Deformationsvermögen von entscheidender Bedeutung. Die Bruchdehnung liefert hierzu nur eine bedingte Aussagekraft bezüglich Duktilität und Rissverhalten, weshalb häufig der Plättchen-Biegeversuch nach VDA 238-100 [VDA238] als Kriterium für die plastische Verformbarkeit herangezogen wird. Auf dieses Prüfverfahren wird in der Richtlinie VDI 3405-2 für die additive Fertigung ebenfalls verwiesen [VDI3405a]. FIEGER [FIE20] ermittelt für LPBF-AlSi10 im Fertigungszustand Biegewinkel von $\approx 18 - 24°$ und im Wärmebehandlungszustand T6 von $\approx 30°$, was deutlich unter der Minimalanforderung von 50° der Ausführungsvariante AV-DG.10 des Druckgusses liegt. Weitere in der Literatur veröffentlichte Ergebnisse in Bezug auf LPBF-Aluminiumlegierungen sind indes nicht bekannt. Folglich ist eine erhebliche Steigerung des Umformungsvermögens für einen Einsatz in crashbelasteten Strukturkomponenten zwingend notwendig.

Al-Si-Legierungen

Fertigungszustand – Die ursprünglich aus dem Guss stammenden Al-Si-Legierungen AlSi7Mg, AlSi10Mg und AlSi12 zeichnen sich im Fertigungszustand durch hohe Festigkeiten bei vergleichsweise geringer Duktilität aus [ABO19]. Die Zugfestigkeit liegt typischerweise bei $R_m \approx 350 - 480$ MPa, die Dehngrenze bei $R_{p0,2} \approx 210 - 280$ MPa und die Bruchdehnung bei $A \approx 2 - 8$ %. Die Festigkeit basiert auf einem höchst feinkörnigen Gefüge bestehend aus übersättigtem α-Al-Mischkristall, umgeben von einem eutektischen Si-Netzwerk an den Zellgrenzen (vgl. Unterkapitel 4.1.3). Das Eigenschaftsportfolio der vergleichbaren Legierung AlSi10MnMg im Vakuum-Druckguss verarbeitet liegt im Fertigungszustand bei $R_m \approx 250 - 290$ MPa, $R_{p0,2} \approx 120 - 150$ MPa und $A \approx 5 - 11$ % [RHE16]. Die Zugfestigkeit und die Dehngrenze sind damit um den Faktor $\approx 1,5$ bzw. 1,8 geringer, die Bruchdehnung ist um $\approx 1,6$ höher. Einen umfassenden Überblick über die anwendungsorientierte Prozessführung und systematische Korrelationsuntersuchungen zu

Prozessbedingungen sowie daraus entstehende Gefügemorphologien und erzielbare mechanische Kennwerte für Aluminiumgusslegierungen geben BUCHBINDER [BUC13] und
MEIXLSPERGER [MEI18].

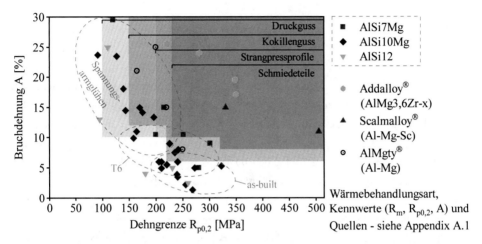

<u>Bild 2-4</u>:   Vergleich von Literaturangaben zu Bruchdehnung und Dehngrenze additiv gefertigter
           Aluminiumlegierungen mit den Mindestanforderungsprofilen (Ausführungsvarianten)
           konventioneller Herstellungsverfahren

Spannungsarmglühen – Durch die laserstrahlbasierte Belichtung entstehen lokale Temperaturgradienten und entsprechend unterschiedliche thermische Ausdehnungen. Aus der
schmelzmetallurgischen Verbindung der einzelnen Schichten und der dadurch beschränk-
ten plastischen Verformbarkeit resultieren thermisch induzierte Eigenspannungen. Um
diese zu reduzieren, wird häufig ein Spannungsarmglühen durchgeführt. Durch niedrigere
Temperaturen ($\approx$ 150 – 300 °C) im Vergleich zum Lösungsglühen wird die Gefahr eines
Verzugs beim Abkühlvorgang vermindert. Während des Spannungsarmglühens werden
die Zugfestigkeit und die Dehngrenze herabgesetzt ($R_m \approx 250 – 350$ MPa,
$R_{p0,2} \approx 150 – 230$ MPa), während die Bruchdehnung steigt (A $\approx 8 – 18$ %) [TAK17a,
FIO17, FOU18]. Die quantitativen Veränderungen der mechanischen Eigenschaften sind
von der Wärmebehandlungstemperatur und der Haltezeit abhängig (vgl. Unterkapitel 4.1.4
und Appendix A.1).

Warmaushärtung – Die Al-Si-Legierungen werden im Guss häufig warmausgehärtet, z. B.
im T6-Zustand, verwendet. Durch die Verfahrensschritte Lösungsglühen (450 – 580 °C,
1 – 8 h), Abschrecken (meist in Wasser) und Warmauslagern (100 – 200 °C, 0,5 – 10 h)
werden dabei die Zugfestigkeit, Dehngrenze und Härte bei ungefähr gleichbleibender
Duktilität erhöht [GDA07]. Bei LPBF-Aluminium ist diese Festigkeitssteigerung gemein-
hin nicht zu erzielen. Ausgehend von hohen Festigkeiten im Fertigungszustand nimmt
diese durch das Lösungsglühen ab und kann durch die Warmauslagerung meist nicht mehr

auf den Ausgangszustand gebracht werden. Durch die tendenzielle Zunahme der Bruch-dehnung (A ≈ 5 – 10 %) bietet die T6-Nachbehandlung in vielen Anwendungsfällen ein Kompromiss aus Festigkeit und Duktilität.

Al-Mg (AlMgty®)

Im Rahmen der Produktfamilie AlMgty® werden durch die FA. FEHRMANN ALLOYS GMBH & CO. KG (HAMBURG, GER) binäre Al-Mg-Sonderwerkstoffe vertrieben, die so-wohl im LPBF-Prozess als auch im Druckgussprozess verarbeitbar sind. Laut Hersteller zeichnen sich die Legierungen durch hohe Festigkeits- und Duktilitätskennwerte bei gleichzeitiger Korrosionsbeständigkeit aus (vgl. Bild 2-4 und Appendix A.1). Durch Mg-Gehalte von ≈ 9 – 14 wt-% ist besonders bei korrosionskritischen Anwendungen in auto-mobilen Strukturen die Vermeidung der unedlen β-Phase (Al_8Mg_5) unerlässlich. Bei AlMg-Gusslegierungen tritt diese gewöhnlich ab Mg-Gehalten von ≈ 3 – 4,5 wt-% zu-sammenhängend entlang der Korngrenzen auf und führt zu einer Anfälligkeit gegenüber interkristalliner Korrosion [ALT65, GDA07]. Durch eine Homogenisierung bei 450 °C für 8 h kann ein diskontinuierlicher Belag erwirkt werden, wodurch die Resistenz erhöht wird. Eine erhöhte Anfälligkeit gegenüber Spannungskorrosion, wie etwa in bestimmten Gusszuständen [GDA07], ist für LPBF bislang nicht bekannt. Mit dem durch den Herstel-ler ausgewiesenen Eigenschaftsprofil könnte nach Tabelle 2-1 eine Vielzahl automobiler Ausführungsvarianten abgedeckt werden.

Al-Mg-Zr (Addalloy®)

Eine speziell für die additive Fertigung entwickelte Al-Mg-Zr-Legierung mit den Deriva-ten AlMg3,6Zr1,18 und AlMg3,66Zr1,57 wird unter dem Handelsnamen Addalloy® von der FA. NANOAL LLC (SKOKIE, IL, USA) vertrieben. Die von CROTEAU ET AL [CRO18] konzipierte Legierung soll ein hohes isotropes Festigkeits- und Duktilitätslevel aufweisen (vgl. Bild 2-4 und Appendix A.1) und anodisierbar sein. Neben Alterungs- und Kriechbe-ständigkeit soll ebenso eine hohe Korrosionsbeständigkeit vorliegen. Durch hohe lokale Abkühlgeschwindigkeiten in Verbindung mit der chemischen Legierungskomposition können metallurgische Ungleichgewichtszustände erreicht werden, was in diesem Fall in einer ausscheidungshärtenden Al-Mg-Variante resultiert. Demgegenüber sind konventio-nelle 5xxx Al-Mg-Legierungen üblicherweise nicht aushärtbar. Während Mg zur Misch-kristallhärtung beiträgt, bildet Zr zwei Typen von Al_3Zr-Ausscheidungen: Typ I – Sub-mikrometer Al_3Zr-Ausscheidungen dienen in der Schmelze zur Kornfeinung, verhindern Heißrissbildung, erhöhen die Zugfestigkeit (Hall-Petch-Verhalten) und erhalten die Duk-tilität durch die Bildung einer heterogenen Kornstruktur; Typ II – Al_3Zr-Nanoausschei-dungen formen sich während der thermischen Nachbehandlung. Durch Ausscheidungs-härtung ergeben sich dadurch ein Anstieg der Festigkeit von ≈ 40 % gegenüber dem

Fertigungszustand und eine erhöhte thermische Stabilität der Körner, was durch eine geringe Diffusität von Zr in festem Al-Mg begründet wird. Mit dem von CROTEAU ET AL ausgewiesenen Profil der mechanischen Eigenschaften könnten nach Bild 2-4 mehrere automobile Ausführungsvarianten abgedeckt werden.

Al-Mg-Sc (Scalmalloy®)

Die Al-Mg-Sc-basierte Legierung Scalmalloy© (APWorks GmbH, Taufkirchen) mit einer nominellen Zusammensetzung von AlMg4,6Sc0,66Zr0,4Mn0,49 [SPI17a] ist ein AM-spezifischer, vornehmlich in der Luftfahrtindustrie verwendeter, aushärtbarer Werkstoff. Dieser zeichnet sich nach Herstellerangaben durch ein hohes Festigkeits- und Duktilitätsniveau bei gleichzeitig guter Schweißbarkeit, hoher Korrosionsbeständigkeit und Anodisierbarkeit aus. Das vergleichsweise hohe Festigkeitsniveau basiert maßgeblich auf der Fähigkeit von Scandium zur Kornverfeinerung (Hall-Petch), stark übersättigten Mischkristallzuständen und Ausscheidungshärtung bei thermischer Behandlung durch homogen verteilte kohärente $Al_3(Sc,Zr)$-Nanopartikel [SPI17b, SCH20]. In eigenen Vorarbeiten zum Festigkeits- und Verformungsverhalten ergab sich im Fertigungszustand ein Biegewinkel von $\alpha_{(F)} \approx 79°$ bei $R_{m(F)} \approx 366$ MPa, der sich nach thermischer Behandlung bei 325 °C für 4 h zu $\alpha_{(325/4)} \approx 27°$ bei $R_{m(325/4)} \approx 496$ MPa veränderte [KNO20]. Dies deckt sich mit den Ergebnissen der vorhandenen Literatur, wonach die höchste Duktilität bei verminderter Festigkeit im Fertigungszustand vorliegt und diese Tendenz nach thermischer Behandlung sich umkehrt. Scalmalloy® ist aus ökonomischer und ökologischer Sicht insbesondere aufgrund des Legierungsbestandteils Scandium aus der Gruppe der Seltenen Erden im Automobilbau kritisch zu betrachten. Abgesehen vom hohen Beschaffungspreis hat die EU-Kommission Scandium im Jahr 2017 als einen für die EU kritischen Rohstoff identifiziert [EUR17]. Nach einer VDI-Studie zur ökologischen und ökonomischen Bewertung des Ressourcenaufwands der AM-Fertigung, die von BIERDEL ET AL [BIE19] durchgeführt wurde, eignet sich Scandium vorrangig für spezifische Bauteile mit überdurchschnittlich hohem Marktwert, jedoch weniger für generische Fahrzeugkomponenten, bei denen AlSi10Mg wesentlich günstiger und weniger ressourcenrelevant ist.

Custalloy® (AlSi3,5Mg2,5MnZr)

Die Legierung AlSi3,5Mg2,5MnZr (kurz: AlSi3,5Mg2,5) entstand im Förderprojekt CustoMat3D, mit dem gezielt automobile Strukturkomponenten adressiert wurden. Im Fertigungszustand sind für Al-Si-Mg-basierte Legierungen außerordentlich hohe mechanische Festigkeiten von $R_m = 506 \pm 3.6$ MPa und $R_{p0.2} = 417 \pm 2.6$ MPa bei einer hohen Bruchdehnung von 10.1 ± 1.3 % möglich [KNO20]. Durch eine erhöhte Abhängigkeit der mechanischen Kennwerte von der Verarbeitungstemperatur während des Generierprozesses kann eine Auslagerung bei 170 °C für 1 h eine ausgleichende Maßnahme zu Gunsten einer vorteilhaften Kombination aus hoher Festigkeit bei erhöhter Bruchdehnung darstellen. Ein signifikant erhöhtes Verformungsvermögen war durch eine Temperung oberhalb typischer Auslagerungstemperaturen erzielbar. Das höchste Verformungsniveau mit $A \approx 24\%$ ergab sich nach einem einstufigen Glühvorgang bei 380 °C für 1 h, bei einem gleichzeitigen Abfall der Zugfestigkeit auf $R_m = 181 \pm 1.7$ MPa. Weitere Detailerkenntnisse in Bezug auf die Wärmebehandlungsresultate sind in KNOOP ET AL [KNO20] aufgeführt. Automobilbezogene Betrachtungsinhalte sind Teil dieser Arbeit und werden in Kapitel 6 ausgeführt.

2.5   Werkstoffverhalten unter crashartigen Belastungsbedingungen

Über die grundlegenden mechanischen Kennwerte hinaus ist im Rahmen der Serienqualifizierung das Werkstoffverhalten unter realitätsnahen Anwendungsbedingungen zu identifizieren. Im Folgenden wird ein Überblick über wissenschaftliche Veröffentlichungen zum Themengebieten Crash im automobilen Entwicklungsumfeld gegeben. Auf spezifische Grundlagen der Crashcharakterisierung wird in Unterkapitel 4.2 näher eingegangen.

Eine Abhängigkeit der mechanischen Eigenschaften von der Beanspruchungsgeschwindigkeit ist für viele im Fahrzeugbau verwendete Werkstoffe bekannt [BÖH07]. In den meisten bisherigen Untersuchungen zu Werkstoffeigenschaften von additiv hergestellten Aluminiumlegierungen und Einflüssen durch Wärmebehandlung wurden zumeist Normprüfkörper unter quasistatischen Bedingungen (Dehnrate $\dot{\varepsilon} \leq 8 \cdot 10^{-3}$ s^{-1}) geprüft. ROSENTHAL ET AL [ROS17] untersuchten die Dehnratenempfindlichkeit und das Bruchverhalten von Zugproben aus AlSi10Mg bei Dehnraten zwischen $2{,}77 \cdot 10^{-6}$ s^{-1} und $2{,}77 \cdot 10^{-1}$ s^{-1} (nahe quasistatischer Geschwindigkeitsbereich) und ermittelten dabei eine Steigerung der Fließgrenze um $\approx 15\%$. Für den Einsatz im automobilen Karosseriebau reicht dieser Betrachtungsbereich indes nicht aus. In der Praxis sind für Crashlastfälle lokale Dehnraten bis $\dot{\varepsilon} \approx 250$ s^{-1} relevant [LAR10]. Im Bereich der Prinzipstrukturen untersuchten MOHAMED ET AL [MOH19] das Deformationsverhalten von dünnwandigen additiv gefertigten Rohrprofilen aus AlSi10Mg mit unterschiedlichen Triggergeometrien unter axialer Stauchbelastung. Während die Triggergeometrien Einfluss auf das initiale Versagensverhalten hatten, war ein gleichförmiges, rissfreies oder rissarmes Umformungsverhalten des Grundmaterials nach Wärmebehandlung bei 300 °C für 2 h nicht möglich (Crashbezogene Anforderungs- und Optimierungsziele sind in Unterkapitel 4.2.3 aufgeführt).

ALKHATIB ET AL [ALK19] untersuchten das Faltverhalten von sinusförmig gewellten Rohrprofilen im Vergleich zu zylinderförmigen Varianten unter quasistatischer Stauchbelastung. Nach einer Wärmebehandlung von 400 °C für 2 h zeigten die aus AlSi10Mg im LPBF-Verfahren gefertigten zylinderförmigen Profile nach hoher Initialkraft ein kontinuierliches Faltverhalten bei stark schwankendem Kraftverlauf. Durch eine sinusförmige

Struktur konnte die Initialkraft bis zu 75 % reduziert sowie die Stauchkrafteffizienz bis zu 63 % erhöht werden. Nachteilig ist dagegen die Reduktion der absolut und spezifisch absorbierten Energie um bis zu 46 % bzw. 55 %. Dabei steigt die Reduktion der absorbierten Energie mit Zunahme der Wellenlänge und der Amplitude. Unabhängig von den Geometrieparametern ließ sich bei den wellenförmigen Strukturen ein rissarmes Deformationsverhalten beobachten. Ob dies auf die zylinderförmigen Rohrstrukturen mit den höchsten lokalen Umformgraden der Untersuchung ebenfalls zutrifft, bleibt offen.

Weitere Erkenntnisse in Bezug auf die Dehnratenempfindlichkeit, elastisches und plastisches Verhalten unter mehrachsiger Beanspruchung oder das Schädigungs- und Versagensverhalten von Prinzipstrukturen und Bauteilen, im Speziellen unter hochdynamischer Belastung, sind nicht bekannt. Demnach sind grundlegende Untersuchungen zum Werkstoffverhalten unter crashartiger Belastung auf 2D-Prüfkörperebene notwendig, um charakterisierende Materialkennwerte bestimmen und darauf aufbauend ein Materialmodell zur simulativen Abbildung entwickeln und verifizieren zu können. Darüber hinaus müssen Deformationsversuche an Prinzipstrukturen und -bauteilen durchgeführt werden, um das Umform- und Schädigungsverhalten unter Stauchbelastung analysieren zu können.

2.6 Korrosion von LPBF-Aluminiumlegierungen

An Aluminiumwerkstoffen können vielfältige Korrosionsarten und -mechanismen auftreten, durch die sehr unterschiedliche Schadensbilder und differierende Gefährdungspotentiale im Bauteileinsatz entstehen können. In Bezug auf LPBF-Aluminium sind durch die zunehmende Industrialisierung der Technologie und erste Anwendungen im Serienumfeld vermehrt Forschungsaktivitäten zur Charakterisierung der Beständigkeit in korrosiven Umgebungsbedingungen zu finden. In Tabelle 2-2 ist ein Überblick über wissenschaftliche Publikationen zum Korrosionsverhalten von LPBF-Aluminium mit Fokus auf AlSi10Mg und AlSi12 dargestellt. In den Untersuchungen wird die Korrosionsbeständigkeit zumeist über potentiodynamische Messungen (PD), elektrochemische Impedanzspektroskopie (EIS) und Masseverlusttests bewertet. Durch den avisierten Einsatz im Automobilbau bezieht sich die folgende Darstellung bisheriger Erkenntnisse zum Korrosionsverhalten maßgeblich auf einen Einsatz in NaCl-haltigen Umgebungsbedingungen. Auf die Grundlagen der Korrosion von Aluminiumlegierungen wird in Unterkapitel 4.3 eingegangen.

Fertigungszustand

FATHI ET AL [FAT18] ermittelten in PD- und EIS-Messungen für LPBF-AlSi10Mg im Fertigungszustand eine signifikant höhere Korrosionsbeständigkeit im Vergleich zur Verarbeitung der äquivalenten Legierung A360.1 im Druckguss. Im Guss war, bedingt durch

einen höheren Ausscheidungsgrad und eine erhöhte Konzentration an Verunreinigungs-
elementen, ein ungleichmäßiges Korrosionsbild mit starker Lochfraßbildung in Bereichen
mit intermetallischen Sekundärphasen (insbesondere Fe-, Cu-haltigen) sowie an Primär-
Si-Ausscheidungen vorzufinden. Bei LPBF-AlSi10Mg ist die höchst feinkörnige zelluläre
Struktur, umgeben von einem kontinuierlichen Si-Netzwerk, im Fertigungszustand vorteilig und bewirkt eine höhere Beständigkeit im Vergleich zum Guss oder anderen Wärmebehandlungszuständen. Das intakte Si-Netzwerk verhindert den Kontakt der Al-Matrix
mit dem Elektrolyten, wodurch die Übertragung der Al^{3+}-Ionen von der korrodierenden
Oberfläche zum Elektrolyten eingeschränkt wird [GU20]. Ebenfalls förderlich ist ein geringer Anteil korrosionsfördernder, intermetallischer Sekundärphasen durch die hohe
Reinheit der eingesetzten Ausgangspulver [FAT18]. Im Vergleich mit AlSi10Mg aus dem
Kokillenguss zeigte sich bei Leon ET AL [LEO16] in Masseverlusttests und PD-Messungen
eine vergleichbare Korrosionsbeständigkeit. Der Masseverlust war bei additiv gefertigtem
Material nach 45 Tagen geringer, während die Einzelangriffe jedoch tiefer waren.

Literaturübergreifend wird für LPBF-Aluminium im Fertigungszustand von selektiver
Korrosion entlang der Schmelzspurgrenzen berichtet [CAB16a, CAB19a, RUB19,
FAT19]. Während im Zentralbereich der Schweißnaht eine höhere Mischkristallkonzent-
ration und ein intaktes Si-Netzwerk vorliegen, bilden sich an den Schmelzspurgrenzen
durch das zyklische Temperaturprofil in der Wärmeeinflusszone bereits vereinzelte Si-
Partikel unter Schwächung der Netzwerkstruktur und Reduktion der MK-Übersättigung.
Durch die kathodische Wirkung von Si bildet sich eine galvanische Zelle und die α-Al-
Matrix wird selektiv aufgelöst [FAT18, GU20]. Mittels Kelvinsondenkraftmikroskopie
konnten CABRINI ET AL [CAB19a] die Potentialdifferenz zwischen Al-Matrix und Si-Partikel bestimmen, die an den Schmelzspurgrenzen um ≈ 53 mV höher war als im Schweißbahnzentrum (50 mV vs. 103 mV). Bei Messungen von RUBBEN ET AL [RUB19] und RE-
VILLA ET AL [REV17] war der gemessene Potentialunterschied mit 120 mV bzw. 127 mV
noch ausgeprägter, was folglich eine höhere Triebkraft für galvanische Korrosion repräsentiert und damit die selektive Korrosion an den Schmelzspurgrenzen begünstigt. Nach
RUBBEN ET AL [RUB19] verstärken die im Fertigungszustand vorhandenen Eigenspannungen den Effekt, wonach Mikrorisse bevorzugt in den Schmelzspurgrenzen mit ge-
schwächter Si-Struktur auftreten, die α-Al-Matrix freilegen und die Korrosion entlang des
Risses in den Werkstoff eindringen kann. In Bezug auf die Werkstoffoberfläche steigt die
Korrosionsbeständigkeit mit zunehmender Güte tendenziell an (druckrau → gestrahlt
→ poliert) [CAB16a, LEO17, FAT19]. Andererseits können durch die Politur oberflä-
chennahe Poren offengelegt werden und potenzielle Angriffsstellen für Lochkorrosion
entstehen.

Wärmebehandlung

Die Korrosionsbeständigkeit nach der Wärmebehandlung ist vorwiegend an die Si-Morphologie gekoppelt. Nach einer Warmauslagerung bei T < 200 °C (in-situ oder nachträglich) ist die netzwerkartige Struktur weiter vorhanden und der selektive Korrosionsmechanismus, wie im Fertigungszustand, dominiert [CAB18, FAT18, RUB19, RAF19]. Bei Auslagerungstemperaturen von 200 – 300 °C, die üblicherweise zur Reduktion von Eigenspannungen Anwendung finden, beginnt die Auflösung der Si-Netzwerkstruktur, die Si-Partikel vereinzeln und die MK-Sättigung nimmt weiter ab (Mechanismus siehe Bild 4-4). Dadurch ergibt sich eine Vielzahl mikrogalvanischer Zellen aus Si (Kathode) und umgebender Al-Matrix (Anode). Die abgeschiedene Schicht an Korrosionsprodukten aus Al(OH)$_3$ ist nach GU ET AL [GU19] nicht kompakt genug, um den Ionenaustausch mit dem Elektrolyten zu unterbinden, sodass sich der Korrosionsvorgang im zersetzten Netzwerk weiter ausbreiten kann. Der Korrosionsmechanismus wechselt zu lokal tiefen Angriffen, weiterhin präferiert ausgehend von den Schmelzspurgrenzen aufgrund bereits gröberer Si-Partikel [RUB19]. Die höchste Korrosionsrate wird mehrfach nach einer Wärmebehandlung bei 300 °C gemessen [CAB18, GU19], was mit der höchsten Anzahl fein verteilter, vereinzelter Si-Partikel begründet wird (Transformation der Mikrostruktur siehe Bild 4-5 (b)). Nach Wärmebehandlung bei 300 °C für 2 h messen GU ET AL [GU19] eine Zunahme der Korrosionsstromdichte i_{Korr} von 0,07 auf 1,06 µA cm^{-2} und eine Abnahme des Korrosionspotentials E_{Korr} von -0,69 auf -0,73 V sowie einen um den Faktor 2,2 höheren Masseverlust (45 Tage – 3,5 % NaCl) gegenüber dem Fertigungszustand. Bei weiterer Steigerung der Wärmebehandlungstemperatur wachsen die Si-Partikel in ihrer Größe deutlich an und nehmen in ihrer Anzahl ab. Die entstehende Korrosionsproduktschicht beinhaltet größere Si-Partikel, wodurch die Ionen wiederum diffundieren können und die Korrosion entlang dieser voranschreitet. Lochfraß tritt verstärkt bei Si-Ansammlungen auf. Nach GU ET AL [GU19] entsteht durch die Aggregation von Korrosionsprodukten eine zweite schützende Si-freie Schicht im oberen Teil der ersten, die einen effektiven Schutz der Al-Matrix bieten kann. Trotz verstärkt lokal tiefem Lochfraß steigt die Beständigkeit gegenüber Korrosion tendenziell wieder an.

Die detaillierte Betrachtung der Korrosionsvorgänge in verdünnten Elektrolyten mittels elektrochemischer Untersuchungen ist nach BREINING [BRE12] aufschlussreich und notwendig. Innerhalb kurzer Zeit kann die Reaktionskinetik beschrieben und mit anderen Systemen verglichen werden. Durch die Beaufschlagung mit relativ praxisfremden Immersionslösungen und die hohe Beschleunigung der Korrosionsvorgänge durch Polarisation ergibt sich indes zumeist eine Ergebnisübertragungsproblematik zu Umweltsimulationen und Feldtests, da potenziell andere Mechanismen wirksam werden [BRE12].

Tabelle 2-2:   Veröffentlichungen zum Korrosionsverhalten von AlSi10Mg aus dem LBPF-Verfahren

Prüfmethode	Testmedium*	Literaturangabe
Potentiodynamische Messung (u.a. ASTM G5/DIN 50918)	NaCl	[LEO16, REV17, FAT18, FAT19, CAB19a, CAB19b, GIR19, RAF19, RUB19, GU19, GU20]
	Harrison**	[CAB16a, CAB16b, ZAK19]
zusätzlich:		
Elektrochemische Impedanzspektroskopie		[CAB16a, CAB16b, LEO17, FAT18, CAB19b, FAT19, GU19, RAF19]
Schwingungsrisskorrosion	NaCl	[LEO16, LEO17]
	Harrison	[ZAK19]
Masseverlusttest	HNO₃	[PRA13, WEI20]
	NaCl	[LEO16, LAN18, GU19, GU20]
Lochfraßkorrosion (ASTM G46)	NaCl	[LEO17]
Klimawechseltest	NaCl	[BUC10, LAN18]
	Harrison	[ZAK19]

*jeweils gelöst in H_2O (Konzentrationen variieren)   **Harrison-Lösung = $(NH_4)_2SO_4$ + NaCl

Weitere Untersuchungen zu Umweltsimulationen, beispielsweise Klimawechseltests mit NaCl-Umgebung, sind nur partikulär zu finden. LANCEA ET AL [LAN18] bestimmten zeitabhängig die Fläche der Salzablagerungen unter Salzsprühnebelbedingungen. BUCHBINDER ET AL [BUC10] untersuchten die Korrosionsbeständigkeit des Grundmetalls in einem 240 h dauernden Salzsprühnebeltest anhand interner Normen der Fa. FESTO SE & CO. KG (Esslingen, GER). Für AlSi10Mg wurde anhand optischer Begutachtung die niedrigste Beständigkeitsklasse 0 attestiert. Beide Untersuchungsergebnisse können nur bedingt für die Bewertung der Korrosionsbeständigkeit im automobilen Anwendungsfeld verwendet werden. Darüber hinaus fehlen Untersuchungen, die sich auf duktilitätsorientierte Wärmebehandlungen mit A > 10 % fokussieren. Folglich sind Korrosionsprüfungen notwendig, die automobilnahe Einsatzbedingungen simulieren und anhand norm- und branchenüblicher Auswertemethoden die auftretenden Korrosionsmechanismen beurteilen.

2.7   Schlussfolgerungen

- Die begrenzte Anzahl an Werkstoffen sowie die aufwendigen und lang andauernden Freigabeprozesse der Automobilhersteller werden neben ökonomischen Randbedingungen als die größten Hindernisse in der Adaption der additiven Fertigungstechnologie für automobile Serienanwendungen angesehen.

- Im LPBF-Verfahren werden überwiegend aus dem Guss stammende Al-Si-basierte Legierungen verarbeitet, die im Fertigungszustand hohe Festigkeiten ($R_m \approx 350 - 480$ MPa) bei geringer Bruchdehnung ($A \approx 2 - 8\,\%$) aufweisen. Das für Karosserieanwendungen notwendige hohe Verformungsvermögen (meist $A > 10\,\%$) ist gewöhnlich nur durch thermische Nachbehandlung erreichbar. Ein Anstieg der Duktilität bedingt einen Verlust der Festigkeit. Vornehmlich sind Ausführungsvarianten bisherig im Druck- und Kokillenguss erzeugter Bauteile potenziell abdeckbar.

- Mit den mechanischen Eigenschaften ($R_m/R_{p0,2}/A$) der Produktfamilien Addalloy® und AlMgty® können mehrere Ausführungsvarianten unterschiedlicher Herstellungsverfahren potenziell abgedeckt werden. Der Nachweis der Reproduzierbarkeit, die Übertragbarkeit auf größere Strukturen sowie die Anwendungsfähigkeit im Rahmen der vier Betrachtungsbereiche der automobilen Freigabeprozesse sind für eine Bewertung der Einsatzfähigkeit noch ausstehend. Durch einen hohen zusätzlichen Verarbeitungs- und Prüfaufwand befindet sich die Analyse dieser Legierungen außerhalb des Betrachtungsrahmens dieser Arbeit.

- Der Werkstoff Scalmalloy® ist aus ökonomischer und ökologischer Sicht für den seriellen Automobilbau kritisch zu betrachten.

- Für alle LPBF-Aluminiumlegierungen besteht eine geringe publizierte Datenlage bezüglich des Verformungs- und Versagensverhaltens unter crashartiger Belastung (z. B. Biegewinkel nach VDA238-100 oder Stauchversuche an Prinzipstrukturen und Bauteilen).

- Es sind Materialmodelle für die numerische Abbildung der Werkstoffe notwendig, mit denen das Werkstoffverhalten vom elastischen über den plastischen Bereich bis zum Versagen abgedeckt wird.

- Das Wissen über das Werkstoffverhalten von LPBF-Aluminium gegenüber korrosiven Umgebungsbedingungen ist für automobile Einsatzbedingungen unvollständig, im Speziellen für Wärmebehandlungsvarianten, die eine hohe Duktilität begünstigen.

3 Zielsetzung und Vorgehensweise

Das Anwendungspotential der additiven Fertigung zur Generierung automobiler Strukturkomponenten wird maßgeblich durch das erzielbare werkstoffliche Eigenschaftsportfolio und die Einsatzcharakteristik unter automobilen Belastungsbedingungen bestimmt. Nach dem Stand des Wissens können mit unterschiedlichen Aluminiumlegierungen in Bezug auf Festigkeit und Bruchdehnung einzelne Ausführungsvarianten konventioneller Herstellungstechniken prinzipiell abgedeckt werden. Indes fehlen für die Einsatzfähigkeit in Karosserieanwendungen sowohl eine Wissensgrundlage bezüglich des Verformungs- und Versagensverhaltens unter crashartiger Belastung als auch Erkenntnisse zur Beständigkeit gegenüber korrosiven Umgebungsbedingungen. Außerdem limitieren zeit- und kostenintensive Entwicklungs- und Qualifizierungsmethodiken das Design neuartiger applikationsspezifischer Legierungssysteme.

Das Hauptziel dieser Arbeit besteht folglich darin, eine **systematische Wissensgrundlage zur Einsatzfähigkeit bestehender und neuartiger LPBF-Aluminiumlegierungen für automobile Karosserieanwendungen** zu schaffen. Ferner sind Ansätze und Möglichkeiten zu identifizieren, die eine agile **Werkstoffinnovations- und Absicherungsmethodik** fördern und in Kombination mit **Handlungsempfehlungen** zukünftige automobile AM-Werkstoffentwicklungen effizient unterstützen.

Zur Erreichung dieser Zielstellung werden folgende Teilziele definiert:

- Erkenntnisgewinn über die Anpassungsfähigkeit (Konfektionierung) der betrachteten Legierungen AlSi10Mg und AlSi3,5Mg2,5 auf das karosseriespezifische Anforderungsprofil zur Bewertung des Substitutionspotentials konventioneller Herstellungstechniken.
- Analyse der Gefügekonstitutionen in Abhängigkeit von der thermischen Nachbehandlung zu Gunsten eines umfangreichen Verständnisses über die Struktur-Eigenschaftsbeziehungen und Wechselwirkungen auf das makroskopische Verformungs- und Versagensverhalten.
- Ermittlung der Dehnratenabhängigkeit der mechanischen Kennwerte und Kenntnisse über das Verformungs- und Schädigungsverhalten von Prinzipstrukturen unter quasistatischer und hochdynamischer Belastung.
- Bereitstellung eines seriengeeigneten Materialmodells für die simulationsgestützte Auslegung von crashbelasteten Strukturkomponenten.
- Charakterisierung der Korrosionsbeständigkeit des Grundmetalls unter anwendungsnahen Belastungsbedingungen und Bewertung der Anwendungsfähigkeit von bestehenden großseriellen Korrosionsschutzschichten.

© Der/die Autor(en), exklusiv lizenziert an
Springer-Verlag GmbH, DE, ein Teil von Springer Nature 2023
A. Lutz, *Methodische Werkstoff- und Prozessentwicklung für die additive
Serienproduktion von automobilen Strukturkomponenten*, Light Engineering
für die Praxis, https://doi.org/10.1007/978-3-662-66532-9_3

- Verständnis über die dominierenden Korrosionsmechanismen in Abhängigkeit des Wärmebehandlungszustands.
- Identifikation von Möglichkeiten zur zielgerichteten, ressourceneffizienten Entwicklung neuartiger Werkstoffsysteme sowie Ableitung von Ansätzen für eine agile, anwendungsorientierte Werkstoffinnovations- und Absicherungsmethodik.

Den Zielen der Arbeit liegt die folgende Arbeitshypothese zu Grunde:

Durch geeignete Werkstoffsysteme und variable Prozessrouten kann der pulverbettbasierte Laserstrahlschmelzprozess stückzahlunabhängig variantenreiche Strukturkomponenten ermöglichen, die den automobilen Serienanforderungen gerecht werden.

In Anlehnung an die definierten Ziele und die Arbeitshypothese wird die Vorgehensweise dieser Arbeit anhand der schematischen Darstellung in Bild 3-1 dargelegt.

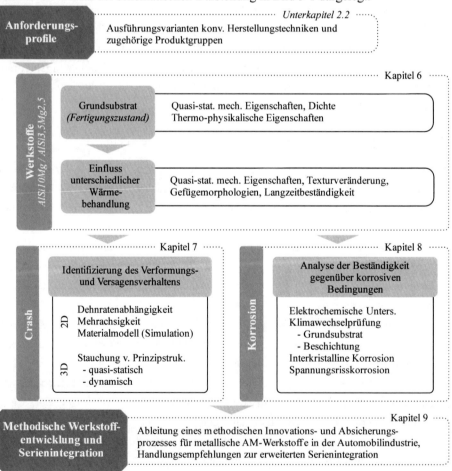

Bild 3-1:   Vorgehensweise und Aufbau der Arbeit

4 Themenspezifische Grundlagen

4.1 Legierungssysteme – Aluminium

Die Legierungskonstitution, der Herstellungsprozess und der Wärmebehandlungszustand bestimmen maßgeblich das Eigenschaftsprofil eines Werkstoffs. Im Folgenden wird auf die Bedeutung der einzelnen Legierungselemente sowie deren Einfluss auf das metallurgische Gefüge und die daraus folgenden physikalischen Eigenschaften eingegangen. Anschließend folgt eine Beschreibung der betrachteten Legierungssysteme AlSi10Mg und AlSi3,5Mg2,5 und des Einflusses unterschiedlicher Wärmebehandlungsvarianten.

4.1.1 Physikalische Eigenschaften der Legierungselemente

Die Legierungselemente lassen sich entsprechend ihrer Funktion und den Masseanteilen in Haupt-, Sonder- und Begleitelemente einordnen [OST14]. Die Hauptlegierungselemente in Al-Werkstoffsystemen, meist zur Festigkeitssteigerung, sind *Si, Mg, Mn, Cu* und *Zn*. Sonderlegierungselemente wie Sc, Li, Sn, Pb, Bi, Ni, V, Cr, Zr, B und Ti, mit meist geringen Massenanteilen von < 1 wt-%, bewirken unterschiedliche anforderungsabhängige Effekte wie Kornfeinung, Erstarrungs- und Rekristallisationskontrolle, Warmfestigkeit, Spanbruchkontrolle, Klebeneigung etc. [ALT65, BAR12, OST14]. Begleitelemente, wie typischerweise Fe – bedingt durch den elektrolytischen Herstellungsprozess – sind meist unerwünschte Verunreinigungen und wirken sich vorwiegend nachteilig auf das Eigenschaftsprofil aus [OST14].

4.1.2 Gefügeaufbau und Einflüsse der Legierungselemente

Die Entdeckung der Festigkeitssteigerung durch Aushärtung von Aluminium durch ALFRED WILM im Jahr 1906 [ALT65] bildete die Voraussetzung und Grundlage für die breite Nutzung von Aluminium in technischen Systemen [BAR12]. Insbesondere aufgrund der folgenden vier zentralen Eigenschaften deckt Aluminium heute ein großes Anwendungsgebiet ab:

1) Verhältnis zwischen Festigkeit und Dichte
   ($R_m \approx$ 300-700 MPa; ρ = 2,7 g/cm^3 [BAR12])
2) Verhältnis von elektrischer Leitfähigkeit zur Dichte
   (σ_{EL} = 3,77E+07 A/(V m); [BAR12])
3) Hohe Witterungs- und Korrosionsbeständigkeit
4) Schweißeignung vieler Al-Legierungssysteme

© Der/die Autor(en), exklusiv lizenziert an
Springer-Verlag GmbH, DE, ein Teil von Springer Nature 2023
A. Lutz, *Methodische Werkstoff- und Prozessentwicklung für die additive
Serienproduktion von automobilen Strukturkomponenten*, Light Engineering
für die Praxis, https://doi.org/10.1007/978-3-662-66532-9_4

Gefügeaufbau

Durch die Art und die Menge der Legierungselemente sowie das Herstellungsverfahren werden die primäre Gefügekonstitution und damit die physikalischen Eigenschaften des Werkstoffs vor optionaler thermischer Nachbehandlung bestimmt. In Bild 4-1 sind die metallographischen Größenordnungen und der Zusammenhang zwischen Struktur-Gefüge-Eigenschaften für Al-Legierungen im Guss- sowie LPBF-Prozess dargestellt. Charakteristisch für LPBF-Aluminiumlegierungen ist eine höchst-feinkörnige Gefügemorphologie, bei der die Makrostruktur in der Größenordnung der Guss-Mikrostruktur liegt (Details hierzu folgen in Unterkapitel 4.1.3 und 6.4).

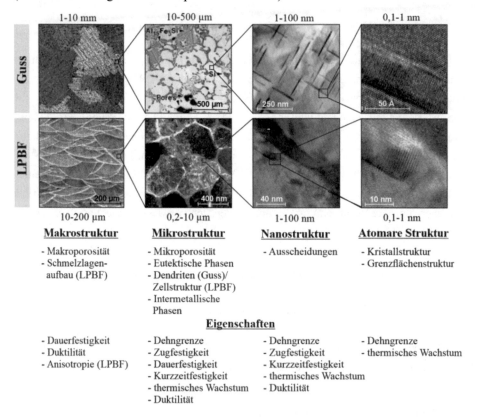

Bild 4-1:   Metallographische Größenordnungen von Al-Legierungen durch Verarbeitung im Guss- oder LPBF-Prozess sowie jeweils deren dominierender Einfluss auf die Eigenschaften (Guss nach [ALL06], LPBF durch eigene Aufnahmen)

Das Gefüge wird dabei durch die in Tabelle 4-1 dargestellten Bestandteile bei Al-Legierungssystemen konstituiert.

Tabelle 4-1: Wesentliche Gefügebausteine von Aluminiumlegierungen (auf das LPBF-Verfahren angepasste Auflistung in Anlehnung an [OST14])

Gefügematrix	kfz-Kristallgitter
Gitterfehler	• Leerstellen • Kleinwinkelkorngrenzen • Versetzungen • Großwinkelkorngrenzen • Stapelfehler • Phasengrenzen
Mischkristall	Legierungselemente auf Gitterplätzen (Substitutionsmischkristall) Elemente auf Zwischengitterplätzen (elementarer Wasserstoff)
Primärphasen	Intermetallische Phasen von Legierungs- und Verunreinigungselementen aus dem Erstarrungsprozess

Sekundärphasen	Intermetallische Phasen
	• Disperse Kornfeinungsphasen (Mn-, Zr-, Sc-, Cr-, Ti-haltig)
	• Ausscheidungsphasen
	   a) Kohärente Phasen (Cluster, Guinier-Preston-Zonen)
	   b) Teilkohärente, metastabile Phasen
	   c) Inkohärente Gleichgewichtsphasen

Ausscheidungsfreie Zonen (PfZ)	An Legierungselementen verarmte Zonen an Korngrenzen, Primärphasen oder stabilen Sekundärphasen
Textur	Kristallographische Vorzugsorientierung der Körner (bei LPBF üblicherweise Vorzugsorientierung in <001>)
Oxide, Karbide	Einschlüsse aus dem LPBF-Prozess und Herstellung (Elektrolyse, Pulverherstellung)

Einflüsse der Legierungselemente:

Aluminium (Al) ist, nach Sauerstoff und Silizium, das dritthäufigste Element der Erdkruste mit einem Anteil von $\approx 8\,\%$ [BAR12]. Dabei liegt es fast ausschließlich in Form von chemisch stabilen Oxiden und Mischoxiden vor, was die Herstellung technisch komplex und energieintensiv macht.

Aluminium gehört mit einer Dichte von $\rho = 2{,}70\ \text{g/cm}^3$ zur Gruppe der Leichtmetalle. Durch seinen metallischen Charakter weist es einen kristallinen Aufbau und ein kubisch-flächenzentriertes Gitter (kfz) auf, das bei allen Temperaturen unterhalb der Solidustemperatur stabil ist [OST14]. Es ist durch seine Zugehörigkeit zur dritten Hauptgruppe (Ordnungszahl 13) sehr unedel und reagiert an der Luft oder in wässrigen Lösungen sofort zu Aluminiumoxid (Al_2O_3). Die dabei an der Oberfläche entstehende Oxidhaut führt zu einer Passivierung und einer folglich hohen Korrosionsbeständigkeit von unlegiertem Aluminium [ALT65, BAR12]. Reinaluminium ($Al > 99\,\%$) weist bei einer geringen mechanischen Festigkeit von $R_m \approx 40 - 95$ MPa eine hohe Duktilität von $A \approx 25 - 38$ % auf [FIS11, SEI18].

Silizium (Si), Ordnungszahl 14 – vierte Hauptgruppe, ist ein Halbmetall und auch Halbleiter mit metallischen und nichtmetallischen Eigenschaften, weshalb es großtechnisch u. a. in der Photovoltaik- und Halbleitertechnik eingesetzt wird [SIC20]. Im Bereich der Gusslegierungen ist Silizium das bedeutsamste Hauptlegierungselement [RAN12], da es wesentlich zur Verbesserung der Gießbarkeit beiträgt. Mit zunehmendem Si-Gehalt steigen die Fließfähigkeit und das Formfüllungsvermögen, bei gleichzeitiger Minderung der Warmrissneigung [RAN12, MIC12]. Im binären Al-Si-System liegt das Eutektikum bei 12,5 wt-% Si, wobei die maximale Löslichkeit von Si im α-Mischkristall bei der eutektischen Temperatur von $T \approx 577$ °C ungefähr 1,65 % beträgt [OST14, FOU18]. Diese sinkt mit abnehmender Temperatur auf einen zu vernachlässigenden Wert von < 0,01 wt-%, unter Gleichgewichtsbedingungen bei Raumtemperatur ab [STÜ18, FOU18]. Harte, spröde, nahezu reine Si-Partikel (Diamantstruktur) sind die Folge der geringen Löslichkeit im festen Zustand [RAN12]. In Ungleichgewichtszuständen, wie etwa beim Druckguss oder LPBF-Prozess, können wesentlich höhere Mischkristallkonzentrationen erreicht werden [STÜ18]. Silizium kann je nach Legierungsgehalt die Erstarrungsschrumpfung von Al auf bis zu ≈ 4 % reduzieren, da es bei der Erstarrung an Volumen zunimmt (Volumenkontraktion von Reinaluminium $\approx 7,1$ %) [MIC12, OST14]. Mit einer geringeren Dichte von $\rho_{Si} = 2,34$ g/cm³ im Vergleich zu Aluminium mit $\rho_{Al} = 2,7$ g/cm³ kann außerdem das Gewicht der Bauteile weiter reduziert werden.

Magnesium (Mg), Ordnungszahl 12 – zweite Hauptgruppe, ist ein Erdalkalimetall und kommt wegen seiner Reaktivität nicht elementar, sondern nur in Verbindungen, z. B. als mineralische Carbonate, Silikate, Chloride und Sulfate, vor [SIC20]. Die industriell relevantesten Methoden zur Gewinnung sind die Elektrolyse von geschmolzenem Magnesiumchlorid oder die Reduktion von Magnesiumoxid mittels Eisen oder Ferrosilizium [SIC20]. Neben der festigkeitssteigernden Mischkristallbildung bietet Magnesium durch die noch geringere Dichte von $\rho_{Mg} = 1,74$ g/cm³ im Vergleich zu Al und Si weiteres Leichtbaupotential, was die Al-Mg-Legierungssysteme (5xxx) zu den bedeutendsten Konstruktionslegierungen macht. Im α-Mischkristall beträgt die maximale Löslichkeit von Mg $\approx 17,4$ % bei 450 °C und sinkt bei Raumtemperatur auf $\approx 0,2$ % ab [OST14]. Bei technischen Legierungen liegen allerdings fast ausschließlich stark übersättigte Mischkristallzustände vor, was auf drei Hauptphänomene zurückzuführen ist:

1) Die Diffusion ist aufgrund der starken Bindung von Leerstellen an gelöste Mg-Atome stark eingeschränkt (kein diffusiver Massentransport über Leerstellen). Ursache dafür ist das Größenverhältnis der Atomradien von Mg und Al ($r_{Mg}/r_{Al} = 1,60/1,43$), was zu einer lokalen Gitterverzerrung führt. Zudem ist die Bindungsenergie zwischen Mg und

Leerstellen im Al-Wirtsgitter deutlich höher als für die übrigen Hauptlegierungselemente (Mg > Zn > Si > Cu) [OST14].

2) Die Bildung von kohärenten Ausscheidungsphasen (GP-Zonen und ß") erfordert eine
hohe Übersättigung mit Mg-Gehalten > 7 wt-%, was nur in Gusslegierungen mit bis
zu 9 wt-% Mg der Fall ist. Standard-AlMg-Knetlegierungen enthalten üblicherweise
zwischen 1 und 5 wt-% Mg [OST14].

3) Versetzungen können nach GOSWAMI ET AL [GOS13] voraussichtlich aufgrund der
Volumendifferenz von ß-Phase und Al-Matrix keine ausreichenden Keime für die
Ausscheidungssequenz ß"-ß'-ß darstellen.

Magnesium ist gegenüber Aluminium sehr unedel (-2,37 V vs. -1,66 V). Dieser stark anodische Charakter resultiert bei kontinuierlicher Korngrenzenbelegung in der Anfälligkeit
gegenüber interkristalliner Korrosion und erhöht die Anfälligkeit gegenüber Spannungsrisskorrosion. Durch Mg-Gehalte < 3 wt-% oder durch ein Stabilisierungsglühen kann
diese Gefahr indes vermieden werden [OST14]. Vorteilig ist der niedrige Schmelzpunkt
mit $T_s = 650\ °C$ [SIC20], wodurch eine energiesparende Verarbeitung, ähnlich wie bei
Aluminium, möglich ist. Die Volumenkontraktion bei Erstarrung beträgt $\approx 4{,}2\ \%$
[OST14].

Mangan (Mn), Ordnungszahl 25 – siebte Nebengruppe, ist ein sehr hartes, sprödes
Schwermetall mit einem Schmelzpunkt von 1246 °C. Mangan als Nebenlegierungsele-
ment in Al-Si-Mg-Systemen dient typischerweise als Dispersionsbildner zur Kristallisati-
onskontrolle, z. B. zur Kornfeinung, und wird üblicherweise mit Gehalten von 0,2 – 1,0 %
hinzulegiert. Der Einfluss der Dispersionsteilchen auf die Festigkeitswerte ist eher gering,
wobei ein positiver bzw. negativer Einfluss stark von der Abkühlgeschwindigkeit und den
beteiligten Legierungselementen abhängt. Die Duktilität kann durch eine Veränderung der
Gleitsysteme deutlich verbessert werden [OST14].

Zirkonium (Zr), Ordnungszahl 40 – vierte Nebengruppe, ist ein ebenfalls sehr hartes
Schwermetall mit einem Schmelzpunkt von 1857 °C [SIC20]. Als Nebenlegierungsele-
ment in Al-Si-Mg-Systemen dient es, ähnlich wie Mangan, als Dispersionsbildner (Al_3Zr)
und soll neben der Kornfeinung die Korrosionsbeständigkeit begünstigen.

Eisen (Fe), Ordnungszahl 26 – achte Nebengruppe, ist bezogen auf die Al-Werkstoffsys-
teme meist ein unerwünschtes Verunreinigungselement, dessen Ursprung in der Herstellung von primärem Aluminium liegt. Fe bildet mit anderen Legierungsbestandteilen meist
spröde intermetallische Verbindungen (z. B. ß-AlFeSi), die sich bevorzugt entlang der
Korngrenzen anordnen. Diese lösen sich unter mechanischer Belastung vergleichsweise
leicht von der Al-Matrix und begünstigen somit die lokale Rissinitiierung, wodurch die
Zähigkeit des Materials herabgesetzt wird [MUL96, KUI05, ELS10, ZHO18].

4.1.3   Legierungssysteme – AlSi10Mg und AlSi3,5Mg2,5MnZr

AlSi10Mg

Aus dem Stand des Wissens (Unterkapitel 2.3) folgt, dass die derzeit am häufigsten verwendeten Aluminiumlegierungen aus den Al-Si-Gusssystemen stammen und im industriellen Umfeld die hypoeutektische Legierungsvariante AlSi10Mg am meisten verarbeitet
wird. Durch einen Magnesiumgehalt von 0,2 – 0,45 wt-% [DIN1706] wird diese Legierung aushärtbar [TRE17].

Durch die Verarbeitung im LPBF-Prozess ergibt sich, wie in Bild 4-1 und Bild 4-2 dargestellt, eine veränderte, feinkörnige Gefügemorphologie im Vergleich zum Vakuum-
Druckguss. Die Mikrostruktur ist durch eine zellulär-dendritische Form mit einer durchschnittlichen Zellgröße von < 1 μm im zentralen Bereich der Schmelzspur und ≈ 2 – 4 μm
im Bereich der Schmelzspurgrenzen gekennzeichnet [LI16]. Zur Detailanalyse der LPBF-
Mikrostruktur sind höher auflösende Analysetechniken als die Lichtmikroskopie, z. B.
Rasterelektronen- oder Transmissionselektronenmikroskopie, notwendig (vgl. Unterkapitel 6.4).

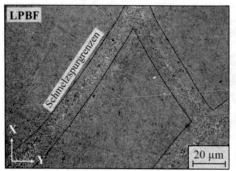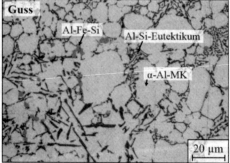

<u>Bild 4-2</u>:   Vergleich lichtmikroskopischer Aufnahmen von LPBF-AlSi10Mg (links) und
AlSi10Mg aus Vakuum-Druckguss (rechts) jeweils im Fertigungszustand (eigene Aufnahmen)

Infolge der extrem hohen Abkühlraten im LPBF-Prozess von $10^3 - 10^8$ Ks^{-1} [LI16,
TRE17] und der damit verbundenen Ungleichgewichtszustände erhöht sich die Löslichkeit von Si in der Al-Matrix auf bis zu ≈ 8,89 wt-% [WEI17] und führt zu einem stark
übersättigten Mischkristall. Zur Ableitung möglicher Erstarrungswege ist in Bild 4-3 (a)
der Isopleth nach JMatPro® (Berechnung nach CalPhaD-Ansatz) unter Variation von Si
im quaternären System Al-Si-Mg-Fe in einer Gleichgewichtsbetrachtung dargestellt. Die
tatsächlichen Phasenkonstitutionen und Anteile sind von den Abkühlbedingungen abhängig. Während des Verfestigungsvorganges, beginnend bei der Liquiduslinie bei ≈ 600 °C,
erstarrt das α-Al zuerst und schließt überschüssiges Si ein. Anschließend wird aus dem

α-Al-Kern Silizium ausgeschieden und sammelt sich an den Korngrenzen an. Unterhalb der Solidustemperatur von ≈ 540 °C liegt ein dreiphasiger Bereich von α-Al + Si + β-AlFeSi vor. Bei weiterer Abkühlung bilden sich zusätzliche intermetallische Mg-Si-Ausscheidungen. Damit liegen bei Raumtemperatur im Fertigungszustand ein Gefüge aus übersättigtem α-Al-Mischkristall, ein eutektisches Si-Netzwerk an den Zellgrenzen sowie jeweils geringe Anteile der intermetallischen Phasen Mg-Si und β-AlFeSi vor (vgl. Bild 4-3 (a)).

Anhand von STEM-EDX-Aufnahmen von FOUSOVÁ ET AL [FOU18] lassen sich die punktweisen Konzentrationen innerhalb der α-Al-Matrix und an den Zellgrenzen erkennen. Innerhalb der Zellen ermittelten die Forschenden eine Verteilung von ≈ 97 – 98 wt-% Al und ≈ 2 – 3 wt-% Si sowie keinen nachzuweisenden Mg-Anteil. An den Zellgrenzen wurde eine Verteilung von ≈ 65 – 70 wt-% Al, ≈ 29 – 34 wt-% Si und ≈ 1 wt-% Mg festgestellt. Die Bildung der intermetallischen Mg_2Si-Phase ist nach FOUSOVÁ ET AL nur schwer nachzuweisen, was sich in mehreren Untersuchungen bestätigt [ABO15, HER16, ZHO18].

Durch die LPBF-charakteristische Gefügeausbildung ergeben sich sehr hohe Festigkeiten bei gleichzeitig sprödem Versagen. Dieses Verhalten kann auf die Korngrenzenverfestigung durch die höchstfeine zelluläre Mikrostruktur aus α-Al und eutektischem Si-Netzwerk (Hall-Petch-Beziehung), die Mischkristallverfestigung durch die Legierungsbestandteile sowie Versetzungsverfestigung (Versetzungsnetzwerk innerhalb der Zelle) zurückgeführt werden [FIO17, FOU18]. HADADZADEH ET AL [HAD19] diskutieren außerdem den Verfestigungsanteil von Mg_2Si- sowie Si-Ausscheidungen innerhalb der Zellstruktur (Orowan-Mechanismus).

In EBSD-Analysen zeigt die Gefügestruktur in Aufbaurichtung (XY-Ebene) eine kreisartige Mikrostruktur, während sich senkrecht (XZ/YZ-Ebene) eine eher gestreckte, in {001}-gerichtete Kornform ausbildet [BUC13, TAK17a]. Ein epitaktisches Wachstum ist durch die Ausdehnung über mehrere Schmelzspuren bzw. Schichtdicken ersichtlich. Die gerichtete Struktur tritt bei allen Verfahrensparametern auf und ist folglich prozessinhärent. Die Form und Größe der Körner ist von den Erstarrungsbedingungen sowie der Wärmebehandlung abhängig. Anisotropes Materialverhalten ist die Folge dieser richtungsabhängigen Kornausrichtung [PRA14, LI16, TRE17, TAK17a].

Ferner sind eine Kornvergröberung sowie eine Si-Anreicherung am Schweißbahnrand üblich (vgl. Bild 4-2). Durch das mehrfache Aufschmelzen der überlappenden Laserbahnen erfolgt im Prozess bereits mehrfach eine lokale Wärmebehandlung (in-situ-WBH). Dadurch werden das Kornwachstum sowie die Agglomeration von Silizium begünstigt (vgl. Bild 4-4 (b)). Zusätzlich kann es durch eine Konturbelichtung (z. B. Veränderung der Laserleistung, Scangeschwindigkeit o. ä.) zu Gunsten einer hohen Oberflächengüte zu einer Kornvergröberung und erhöhten Porosität im Randbereich kommen.

Custalloy® (AlSi3,5Mg2,5MnZr)

Die Legierung *Custalloy®* (AlSi3,5Si2,5MnZr) ist eine Neuentwicklung speziell für die pulverbasierten additiven Fertigungstechnologien *Selektives Laserschmelzen* und *Laser-pulverauftragsschweißen*. Der Hauptunterschied liegt im vergleichsweise ausgeglichenen Massenverhältnis der Hauptlegierungselemente Si und Mg sowie in der Verwendung verschiedener Nebenlegierungselemente, wie Mn und Zr, die in kleineren Mengen von gesamt < 0,5 wt-% vorhanden sind (vgl. Tabelle 4-2).

Markant ist der im Vergleich zu Gusslegierungen deutlich verringerte Siliziumgehalt von ≈ 3,5 wt-%. Dieser liegt noch oberhalb typischer Knetlegierungen mit einem Anteil an Si und Mg in Summe von meist < 2 wt-% [OST14], aber gerade noch über der kritischen Grenze zur Heißrissneigung [KOU03]. Eine Verarbeitung ohne Schweißzusätze ist dadurch möglich. Während durch die Si-Reduzierung das Duktilitätsverhalten verbessert wird, ist mit einem Festigkeitsverlust zu rechnen. Dieser wird durch die deutliche Erhöhung des Mg-Gehalts kompensiert bzw. durch eine höhere Ausscheidungsrate und Mischkristallverfestigung nochmals gesteigert [KNO20].

Durch die Verarbeitung im LPBF-Prozess und die damit verbundenen extrem hohen Abkühlraten lassen sich stark übersättigte Zustände erreichen, wodurch Massenanteile der Gleichgewichtsphase Mg_2Si von > 1,9 wt-% realisierbar sind. Dieser Prozentsatz entspricht der maximalen Löslichkeit der beteiligten Elemente Si und Mg bei Lösungsglühvorgängen im noch festen Zustand bei ≈ 584 °C [ZHA01], was eine Massenbeschränkung bei Umform- und Gussprozessen darstellt.

Tabelle 4-2:   Nominelle Legierungszusammensetzungen von AlSi10Mg (EN AC 4300 nach DIN EN, 1706:2020) und AlSi3,5Mg2,5 in wt-%

	Si	Mg	Mn	Zr	Zn	Fe	Ti	Sonst. Je	ges.
AlSi10Mg	10±1,0	0,2-0,45	≤ 0,45	≤ 0,05	≤ 0,10	≤ 0,55	≤ 0,15	≤ 0,05	≤ 0,15
AlSi3,5Mg2,5	3,5	2,5	≤ 0,25	≤ 0,25	≤ 0,05	≤ 0,2	≤ 0,2	≤ 0,05	≤ 0,15

Bei AlSi3,5Mg2,5MnZr ergibt sich, wie bei AlSi10Mg, ein höchst feinkörniges Gefüge (Zellgröße < 1 µm) im Ungleichgewichtszustand mit einem stark übersättigten zellulären α-Al-Mischkristall, umgeben von einem diskontinuierlichen Netzwerk aus Mg-Si-Ausscheidungen an den Zellgrenzen (vgl. Unterkapitel 6.4 und [KNO20]). In Bild 4-3 (b) ist der berechnete Isopleth nach JMatPro® unter Variation von Si im quinären System Al-Si-Mg-Mn-Zr aufgezeigt.

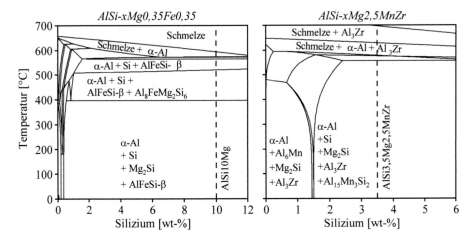

Bild 4-3:   Phasendiagramm nach JMatPro®; a) Variation des Si-Gehalts im System Al-Si-Mg-Fe
             mit Isopleth AlSi10Mg0.35Fe0.35; b) Variation des Si-Gehalts im System Al-Si-Mg-
             Mn-Zr mit Isopleth AlSi3,5Mg2,5MnZr (eigene Darstellung)

Nach JMatPro® bilden sich im Gleichgewicht ein Anteil von max. 3,94 wt-% Mg_2Si und durch den Si-Überschuss außerdem Primär-Silizium (1,99 wt-%) sowie in geringen Anteilen die intermetallischen Phasen Al_3Zr (0,38 wt-%) und $Al_{15}Mn_3Si_2$ (0,67 wt-%). Durch den sehr geringen Eisengehalt (vgl. Tabelle 4-2) wird der Anteil an Fe-haltigen intermetallischen Phasen als vernachlässigbar betrachtet. Durch die Prozesswärme sowie die dadurch verbundenen unterschiedlichen Temperaturzyklen und Verweildauern im Bauraum können unterschiedliche Aushärtungszustände und folglich Inhomogenitäten im Bauteil resultieren – dies gilt analog für AlSi10Mg [BUC13, TRE17, HIT18].

4.1.4   Wärmebehandlung und Mikrostruktur

AlSi10Mg

Die mechanischen Eigenschaften von AlSi10Mg sind nach der Wärmebehandlung hauptsächlich von der Morphologie und Größe der Si-Phasen, dem initialen Aushärtungszustand und der Umwandlungsgeschwindigkeit abhängig [LI16]. Nach Unterkapitel 2.4 werden häufig aus dem Guss bekannte Prozessschritte oder durch Maschinenhersteller empfohlene Wärmebehandlungen eingesetzt.

Die im Fertigungszustand metastabile Mikrostruktur aus übersättigtem α-Al-Mischkristall und eutektischem Si-Netzwerk zersetzt sich während der Wärmebehandlung. Bei erhöhten Temperaturen wird Silizium aus der übersättigten Al-Matrix ausgestoßen und formt sich partikelweise an den Korngrenzen an [PRA13, HER16, ABO16, TAK17a, FOU18]. Die Morphologie und Größe der Si-Partikel ist wiederum von der Wärmebehandlungstemperatur und der Zeit abhängig. Wie LI ET AL [LI16] und PRASHANTH [PRA13] schematisch darstellen (vgl. Bild 4-4), verschwimmt die zelluläre Struktur bei niedrigen Temperaturen (450 °C/ 2 h & 180 °C/ 12 h [LI16]; 200 °C – 300 °C/6 h [PRA13]). Das Silizium wird aus dem Mischkristall ausgeschieden und reichert sich zu kleinen Si-Partikeln an. Diese sind meist noch kleiner als 1 µm und gleichmäßig über die Al-Matrix verteilt (Bild 4-4 (b)). In diesem Stadium hat sich das Si-Netzwerk noch nicht vollständig aufgelöst.

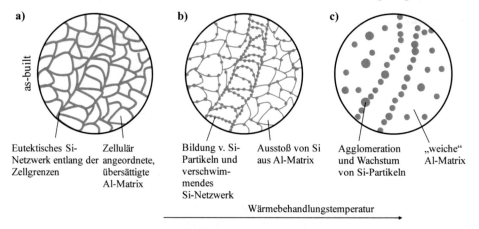

a)

as-built

| Eutektisches Si-Netzwerk entlang der Zellgrenzen | Zellulär angeordnete, übersättigte Al-Matrix |

b)

| Bildung v. Si-Partikeln und verschwimmendes Si-Netzwerk | Ausstoß von Si aus Al-Matrix |

c)

| Agglomeration und Wachstum von Si-Partikeln | „weiche" Al-Matrix |

Wärmebehandlungstemperatur

Bild 4-4:   Schematische Veränderung der Mikrostruktur in Abhängigkeit von der Wärmebehandlungstemperatur (modifizierte Abbildung in Anlehnung an [PRA13, LI16])

Wird die Glühtemperatur weiter gesteigert, löst sich die regelmäßige Struktur auf und die Si-Partikel wachsen unregelmäßig auf eine Größe von $\approx 2 - 4$ µm an. Während der Warmauslagerung nimmt dieses Wachstum weiter zu und die Partikelanzahl reduziert sich (Bild 4-4 (c)) [LI16, FOU18]. Die Dichte und Anzahl der Si-Partikel ist am Schweißbahnsaum höher, was zu einer inhomogenen Verteilung führt. Somit ergeben sich weichere α-Al-Regionen mit kleinen Si-Partikeln umgeben von Spurbereichen mit einer Vielzahl von größeren Si-Partikeln. Dies kann unter mechanischer Belastung zu einer Rissinitiierung und -weiterleitung entlang der Schweißbahnen führen. Ähnliche Mechanismen zeigen sich bei TAKATA ET AL [TAK17a] bei einer Behandlung von 300 °C für 2 h. In der Literatur sind vergleichbare Versagensmechanismen bei unterschiedlichen Wärmebehandlungsstrategien mehrfach vorzufinden. Eine vergleichende Auflistung findet sich bei DELAHAYE ET AL [DEL19].

Die Legierung AlSi10Mg wird im Guss häufig im warmausgehärteten Zustand verwendet. Durch die Verfahrensschritte Lösungsglühen, Abschrecken und Warmauslagern werden die Zugfestigkeit, Dehngrenze und Härte bei ungefähr gleichbleibender Duktilität erhöht [GDA07].

Die Ausscheidungsfolge ist nach OSTERMANN [OST14]

$$\alpha_{\text{übers}} \rightarrow Cluster \rightarrow GP - Zonen \rightarrow \beta'' \rightarrow \beta' (Mg_2Si - hdp)$$
$$\rightarrow \beta (Mg_2Si - kfz)$$

(4.1)

wobei der Übergang zwischen der metastabilen, kohärenten β''-Phase und der teilkohärenten β'-Phase die höchste Festigkeit bietet (T6) und von der stabilen, inkohärenten β-Phase (Überaltert – T7-Zustand) mit abfallenden Festigkeiten gefolgt wird [MIC12, FOU18]. In additiv gefertigtem Aluminium ist diese Festigkeitssteigerung meist nicht zu erzielen (vgl. Appendix A1). Ausgehend von hohen Festigkeiten im Fertigungszustand nimmt diese durch das Lösungsglühen ab und kann durch die Warmauslagerung meist nicht mehr auf den Ausgangszustand gebracht werden. Nach FOUSOVSÁ ET AL [FOU18] ist dies auf die Schwächung aller drei Verfestigungsmechanismen im Fertigungszustand (Korngrenzenverfestigung – KG, Mischkristallverfestigung – MK, Versetzungsverfestigung - VS) zurückzuführen. Das Lösungsglühen reduziert Eigenspannungen und bewirkt eine Vergröberung der Mikrostruktur (Reduktion von KG und VS, folglich R_m, $R_{p0,2}$ ↓ A ↑). Durch die Ausscheidung von Si aus der übersättigten α-Al-Matrix in das bestehende eutektische Netzwerk, die Auflösung des Si-Netzwerks und die Vergrößerung der Distanz zwischen den Partikeln wird zusätzlich der Festigkeitsverlust erhöht (Reduktion MK). Die Verfestigung durch die Ausscheidungshärtung (Bildung von β''-β') kann, wie bei einer T6-WBH im Guss, nicht mehr ablaufen, da im Fertigungszustand die Mg_2Si-Phasen bereits gebildet und im Si-reichen Netzwerk angesiedelt sind. Die Verfestigung entsteht durch die Bildung reiner inkohärenter Si-Partikel (in Diamantstruktur) und damit Teilchenverfestigung durch Teilchenumgehen (Orowan-Mechanismus). Dadurch kann der Festigkeitsverlust der anderen Mechanismen jedoch nicht mehr ausgeglichen werden. In Untersuchungen von LI ET AL [LI15] konnten die zeitlichen Veränderungen der mechanischen Eigenschaften von AlSi12 während des Lösungsglühens bei 500 °C festgestellt werden. Nach 15 min zeigt sich bereits ein deutlicher Anstieg der Bruchdehnung von $\approx$ 5 % auf $\approx$ 22 %, bei einer drastischen Abnahme der Zugfestigkeit und Dehngrenze auf $\approx$ 50 – 60 % des Ausgangswertes. Zwischen 15 – 30 min sind nur noch geringfügige Veränderungen mit $R_m \approx$ 190 MPa ($\approx$ 54 % des Ausgangswertes), $R_{p0,2} \approx$ 120 MPa ($\approx$ 53 %) und A = 25 % ($\approx$ 500 %) ersichtlich. Nach 30 min bis 4 h treten keine wesentlichen Veränderungen der mechanischen Eigenschaften mehr auf. Ebenso verlaufen die Fläche der Si-Partikel nach ca. 1 h und die Anzahl derer nach circa 2 h asymptotisch.

In den Arbeiten von MAAMOUN ET AL [MAA18a] mit AlSi10Mg zeigt sich, dass bei einer Auslagerung von 200 °C für 1 h nahezu keine erkennbare Veränderung an der Mikrostruktur auftritt. Nach einer Auslagerung bei 300 °C für 2 h beginnt das feinfaserige Si-Netzwerk sich aufzulösen, feine Si-Partikel scheiden aus und lagern sich an den Zellgrenzen der Al-Matrix an. Nach einem Lösungsglühvorgang (530 °C/1 h) hat sich das maschenartige Si-Netzwerk in vereinzelte größere globulare Partikel zersetzt. Zusätzlich bilden sich nadelförmige Ausscheidungen der sekundären β-Phase Al₅FeSi (vgl. Bild 4-5 (c)). Die Si-Partikel und die Al₅FeSi-Ausscheidungen wachsen bei längerer Lösungsglüh-zeit zunehmend an. Die mittlere Korngröße wächst ausgehend von ≈ 0,5 – 1 μm auf ≈ 4 μm nach 530 °C für 1 h und ≈ 6,5 μm nach 530 °C für 5 h an. Die Vereinzelung und das Anwachsen der Partikel werden bei allen Lösungsglühvariationen festgestellt [BRA12, HER16, TAK17a, TAK17b, ZHO18].

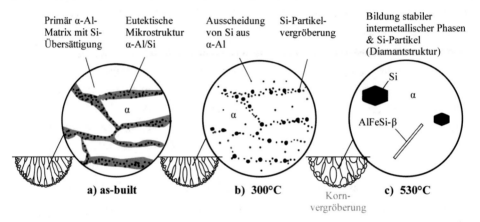

Bild 4-5:   Schematische Veränderung der Mikrostruktur von AlSi10Mg (LPBF) in Abhängigkeit von der Wärmebehandlung (modifizierte Abbildung von [TAK17a])

Die Veränderungen der Gefügestruktur können durch die DSC-Ergebnisse von FIOCCHI ET AL [FIO17] erläutert werden. In den DSC-Kurven, die an Proben im Fertigungszustand durchgeführt wurden, sind zwei markante exotherme Peaks zu erkennen. Die Temperatu-ren, bei denen die Peaks auftreten, sind von der Heizrate abhängig und variieren für Peak 1 von   T ≈ 226 – 270 °C   (Heizrate = 2 bzw. 30 °C/min)   und   für   Peak 2   von T ≈ 295 – 343 °C. Der erste Peak mit einer Enthalpie von 20,8 J/g, dessen Maximum bei einer Temperatur von T ≈ 241°C (Heizrate = 10 °C/min) liegt, ist als legierungsspezifisch zu deuten. Dieser war sowohl bei Proben im Fertigungszustand als auch in DSC-Scans von Pulver und vergleichbarem Guss feststellbar und ergibt sich voraussichtlich durch die Ausscheidung der Mg₂Si-Phase. Der zweite Peak (T ≈ 321 °C) hängt nach FIOCCHI ET AL mutmaßlich mit der Prozessroute zusammen, da er in Pulver und Guss nicht feststellbar war. Anhand von näheren Untersuchungen zur Aktivierungsenergie konnte herausgefun-den werden, dass die berechnete Energie von 165 kJ/mol für Peak 2 in etwa dem Litera-turwert für die Interdiffusion von Si in Al entspricht. Peak 2 wird folglich mit der Diffu-sion von Silizium und der Auflösung des Si-Netzwerks und der Einformung und Sphäro-disierung von größeren Si-Partikeln in Verbindung gebracht. Nach ROWOLT ET AL [ROW18] verschieben sich beide exotherme Peaks mit steigender Heizrate zu höheren

Temperaturen, mit gleichzeitig abnehmender Intensität und breitem Temperaturbereich. Der zweite Peak wird ab Heizraten von > 1 K/s vollständig unterdrückt.

Um daraus geeignete WBH-Strategien ableiten zu können, führten FIOCCHI ET AL weitere DSC-Analysen an Proben durch, die bei drei Temperaturen (263/294/320 °C) und zwei unterschiedlichen Zeiten (0,5/2 h) ausgelagert wurden. Die DSC-Kurven der Proben bei 263 °C zeigen in beiden Fällen noch Peak 2, während Peak 1 nicht mehr vorhanden war. Bei höheren Temperaturen waren alle Peaks verschwunden. Daraus kann geschlossen werden, dass für die Umwandlung eine Zeit von t = 0,5 h ausreichend ist, während für die Transformation von Peak 2 eine Temperatur von T > 263 °C notwendig ist. Diese Annahmen werden durch SEM-Aufnahmen belegt, bei denen nach Auslagerung bei 263 °C weiterhin die zelluläre Mikrostruktur ersichtlich ist, während sich bei 294 °C bereits eine Auflösung des Si-Netzwerks sowie eine zerstreute und vereinzelte Verteilung von Si-Partikeln erkennen lassen. Bei einer Steigerung der Temperatur auf 320 °C wachsen die Si-Partikel in ihrer Größe deutlich an und die Anzahl nimmt ab, was für eine Koaleszenz der Si-Partikel und Ostwald-Reifung spricht [LI15]. Durch diese Vergröberung und den wachsenden Abstand zwischen den Partikeln nimmt die Behinderung der Versetzungsbewegung unter mechanischer Last ab, wodurch der deutliche Abfall der mechanischen Festigkeit begründet werden kann.

4.2 Grundlagen – Crash

Aus dem Stand des Wissens geht hervor, dass für additiv gefertigte Aluminiumwerkstoffe eine unzureichende Datenlage in Bezug auf die Dehnratenabhängigkeit und das Versagen bei unterschiedlichen Spannungszuständen zur Simulation des Materialverhaltens sowie zum Verformungs- und Versagensverhalten unter crashartiger Belastung besteht. Im Folgenden werden die grundlegenden Zusammenhänge zu diesen Themen aufgeführt.

4.2.1 Dehnratenabhängigkeit der Werkstoffkennwerte

Durch hohe Verformungsgeschwindigkeiten können sich mechanische Eigenschaften signifikant verändern. Je nach Legierungsart und Werkstoffzustand können sich die Festigkeits- und Verformbarkeitskennwerte erhöhen bzw. verringern. Für konventionell gefertigte metallische Werkstoffe (Stahl- und Aluminiumlegierungen) ist das dehnratenabhängige Verhalten bereits vielfach untersucht worden. Es sei an dieser Stelle auf die folgenden referenzierten Arbeiten verwiesen [BLE04, JAN07, EMD09, LAR10, BOB16]. Für die meisten Aluminiumwerkstoffe gilt, dass sowohl die Fließspannung als auch die Verfestigungsrate mit der Belastungsgeschwindigkeit zunehmen [OST14]. Die Duktilität von aushärtbaren und naturharten Aluminiumwerkstoffen steigt mit zunehmender Dehnrate in der

Regel an – sofern keine negative Dehnratenempfindlichkeit existiert, die mit dem Auftreten des PLC-Effektes[1] zusammenhängt [OST14].

Bei Deformation des Werkstoffs im elastisch-plastischen Bereich werden Stufen- und Schraubenversetzungen im Metallgefüge aktiviert, die temperatur- und dehnratenabhängig sind. Zur Beschreibung der Dehnratenabhängigkeit werden entweder empirische oder mikrostrukturmechanische Ansätze verwendet. Nach EMDE [EMD09] und RÖSLER ET AL [RÖS19] sind in der mikrostrukturmechanischen Beschreibung hauptsächlich Versetzungsmechanismen von Bedeutung, die in einen athermischen und thermisch aktivierten Bereich sowie einen Dämpfungsbereich ($\dot{\varepsilon} = 10^3$ s^{-1}) eingeteilt werden können. Letzterer wird aufgrund der außerordentlich hohen Dehnraten im Folgenden nicht weiter betrachtet. Der athermische Bereich beschreibt Spannungsfelder, die durch Korngrenzen, Ausscheidungen, Dispersionen und intermetallische Phasen entstehen. Mit steigender Versetzungs- und Fremdatomdichte sowie Teilchengröße erhöhen sich die zum Fließen notwendigen athermischen Spannungsanteile – typische Vorgänge sind hierbei der Schneid- und Orowan-Mechanismus sowie das Quergleiten [EMD09, RÖS19]. Der thermisch aktivierte Bereich beschreibt, dass auch Hindernisse überwunden werden können, bei denen die äußere Spannung für diesen Vorgang nicht ausreicht. Mit Steigerung der Dehnrate findet ein Übergang von isothermen zu adiabatischen Bedingungen in der Probe statt. Die adiabatische Erwärmung ist sowohl von der Dehnrate als auch von der Fließspannung abhängig und steigt mit zunehmender plastischer Verformung [LAR10]. Die adiabatische Erwärmung führt zu einer thermischen Entfestigung des Werkstoffs. Nach RÖSLER [RÖS19] ist die Dehnratenabhängigkeit bei kubisch-raumzentrierten Atomgittern (krz) ausgeprägter als bei kubisch-flächenzentrierten Gittern (kfz). Beide in dieser Arbeit betrachteten Aluminiumlegierungen weisen einen kubisch-flächenzentrierten Gitteraufbau auf.

4.2.2 Grundmaterialcharakterisierung und Simulation des Versagensverhaltens

Crashsimulationen sind in den letzten Jahrzehnten zu einem zuverlässigen und unverzichtbaren Werkzeug in der automobilen Entwicklung geworden. Die Prognosegüte wird dabei maßgeblich durch die Genauigkeit der Beschreibung des werkstoffspezifischen Verformungs- und Versagensverhaltens beeinflusst [HIE08, DOE18, WAG18]. Haupteinflussgrößen sind die gewählten Materialmodelle, die Elementformen, Ansatzfunktionen sowie die Elementgröße.

---

[1] Der Portevin-Le-Chatelier-Effekt (PLC) – auch dynamische Reckalterung bezeichnet – beschreibt ein ungleichförmiges Verformungsverhalten eines Werkstoffs während kontinuierlicher Belastung und zeigt sich typischerweise in einer gezackten Spannungs-Dehnungskurve

Zunächst wird auf den Begriff *Versagen* eingegangen, da dieser in verschiedenen Anwendungsbereichen unterschiedlich definiert ist. Meist wird zwischen dem Versagen durch *Fließen* oder durch *Bruch* unterschieden. Versagen durch *Fließen* definiert sich durch den Übergang von elastischer zu plastischer Verformung. Nach Überschreiten des Fließkriteriums bleibt nach Entlastung der irreversible plastische Verformungsanteil erhalten [SPU19]. Bei *Bruch* als Versagensdefinition sind plastische Verformungen zulässig.

Während das Prinzip der plastischen Verformung der umformtechnischen Bauteilherstellung zugrunde liegt, ist sie in den meisten Anwendungsfällen unerwünscht. Gleichwohl kann das Auftreten größerer Deformationen vor einem Bruch ein gewisses Sicherheitspotential bieten, da ein zeitnahes Versagen potentiell erkannt werden kann und ein katastrophaler Bruch ggf. vermeidbar ist [RÖS19]. Bei Crashelementen in Fahrzeugen wird die plastische duktile Verformung gezielt eingesetzt, um die Aufprallenergie zu dissipieren und das Fahrzeug kontrolliert abzubremsen. Diese Dissipation kann konstruktiv durch unterschiedliche Wirkprinzipien realisiert werden [KRÖ02]. Bei Verwendung der plastischen Verformung soll sich das Bauteil möglichst rissfrei verformen, wodurch einem unkontrollierten Absorptionsverlauf bei Verlust der Strukturintegrität vorgebeugt wird.

Der duktile Versagensprozess kann nach NEUKAMM [NEU18] und RÖSLER ET AL [RÖS19] in drei Phasen aufgeteilt werden: I) In der ersten Phase findet eine Akkumulation der Schädigung in der Mikrostruktur statt, z. B. durch eine Ablösung von Ausscheidungen von der Matrix oder durch einen Bruch innerhalb von spröden Ausscheidungen. Es entwickeln sich Defekte und Fehlstellen in Form von Mikrorissen oder Poren. Über äußerlich messbare Größen sind diese Veränderungen im Inneren des Werkstoffs schwer quantifizierbar. Die Abnahme der Steifigkeit kann teilweise ein Maß für die Schädigungen der Mikrostruktur sein; II) In der zweiten Phase entstehen makroskopische Risse, die sich durch Wachstum und Zusammenschlüsse (Koaleszenz) von Mikroporen und -rissen bilden. Im finalen Bruchbild zeigt sich dies durch grübchen- oder wabenartige Strukturen; III) Die letzte, dritte Phase stellt den Rissfortschritt und das finale Versagen durch Bruch dar. Die Restquerschnitte können der äußeren Last nicht mehr standhalten. Grundsätzlich wird in dieser Arbeit von Versagen gesprochen, sobald makroskopisch erkennbare Rissinitiierung und -propagation feststellbar ist, wodurch folglich zeitnah der Bruch des Bauteils eintritt.

Die für die Crashsimulation verwendeten Versagensmodelle lassen sich in zwei Kategorien gruppieren: mikromechanische Modelle (z.B. Gurson, Gurson+Shear, Gologanu u. v. m.) und phänomenologische Modelle (z. B. GISSMO, Johnson-Cook, Versagensformänderungsdiagramm FFLD, Wilkins, Xue-Wierzbicki u. v. m.) [HIE08, TRO15, NEU18].

Die mikromechanischen Modelle basieren meist auf einer Beschreibung der physikalischen Vorgänge auf Mikrostrukturebene (Entstehung, Wachstum und Zusammenschluss von Mikroporen) durch Schädigungsevolutionsgleichungen. Vorteilhaft ist, dass meist wenige experimentelle Versuche zur Kalibrierung notwendig sind [TRO15]. Nachteilig ist indes, dass aufgrund der notwendigen Randbedingungen, Modellgrenzen und erforderlichen Elementgrößen die Anwendungsflexibilität beschränkt oder die Prognosegüte limitiert ist [TRO15, NEU18].

Die meisten phänomenologischen Modelle beschreiben die Versagensdehnung in Abhängigkeit des Spannungszustands und beruhen auf makroskopischen Effekten. Für eine vereinfachte Beschreibung der Vorgänge und zu Gunsten der Modellflexibilität werden in der Regel zusätzliche innere Variablen eingeführt, die keinen direkten Bezug zu physikalischen Größen besitzen [NEU18]. Im ebenen Spannungszustand kann die Beanspruchungssituation, unter Voraussetzung von Isotropie, mit der Triaxialität η (Mehrachsigkeit des Spannungszustands, vgl. Bild 4-6) nach Gleichung 4.2 beschrieben werden:

$$\eta = \frac{\sigma_m}{\sigma_{VM}} = -\frac{p}{\sigma_{VM}} \qquad (4.2)$$

Mit der mittleren oder hydrostatischen Spannung σ_m bzw. dem Gegenwert zum hydrostatischen Druck p und der *von-Mises*-Vergleichsspannung σ_{VM}. Für den allgemeinen dreidimensionalen Spannungszustand kann das Modell um den Lode-Winkel-Parameter (dritte deviatorische Spannungsinvariante) erweitert werden [BAS11]. Der notwendige Versuchsumfang zur Modellkalibrierung steigt dadurch allerdings nochmals immens an, da Probenversuche im gesamten dreidimensionalen Spanungsraum notwendig sind. Für dünnwandige Bauteile, wie üblicherweise umgeformte Blechstrukturen der Fahrzeugstruktur, ist der ebene Spannungszustand in vielen Fällen ausreichend, weshalb vielfach dieser in der Crashberechnung herangezogen wird.

In dieser Arbeit wird das phänomenologische Schädigungsmodell GISSMO (Generalized Incremental Stress State dependent damage MOdel) verwendet, das ursprünglich federführend von der Mercedes-Benz AG und der DYNAmore GmbH entwickelt wurde. Nach mehreren Evolutionsstufen ist dieses vollständig in den Leistungsumfang des kommerziellen Finite-Elemente-Programms LS-DYNA integriert und zu einem Standardmodell für die Berechnung duktiler Schädigung geworden [SUN13]. Hauptvorteile des Modells sind u. a. die modulare Kopplung an unterschiedliche Konstitutivgesetze[2] durch eine getrennte Formulierung des Schädigungsmodells (Anwendbarkeit für Crash- und Umformsimulationen inklusive Schädigungshistorie), eine weitgehende Elementgrößenunabhängigkeit durch Regularisierung zur Ermöglichung von praxistauglichen Elementgrößen sowie eine flexible Definition der äquivalenten plastischen Bruchdehnung in Abhängigkeit der

---

[2] Beschreibung des elasto-plastischen Materialverhaltens inklusive Dehnratenabhängigkeit, Anisotropie und Verfestigung

Triaxialität durch einen tabellarischen Ansatz. Außerdem ist eine pragmatische Identifikation von Modellparametern durch einen Reverse-Engineering-Ansatz (vgl. Bild 4-7) anhand von verhältnismäßig einfachen Materialversuchen und Simulationen möglich. Die in
Tabelle 4-3 aufgelisteten Werkstoffkennwerte und Materialversuche haben sich zur Identifikation und Kalibrierung bei metallischen Werkstoffen etabliert [AND16]. Dabei sind
nur die für Aluminiumwerkstoffe im ebenen Spannungszustand mindestens notwendigen
Versuche aufgeführt. Je nach Anwendungsfall und Werkstoff können Versuche über den
gesamten Spannungsraum (Triaxialität vs. Lode-Parameter) notwendig sein. Beispiele
sind in [BAS11, SUN13, TRO15] zu finden. Durch eine weitere Validierung anhand von
Komponententests können die Prognosegüte zusätzlich gesteigert werden.

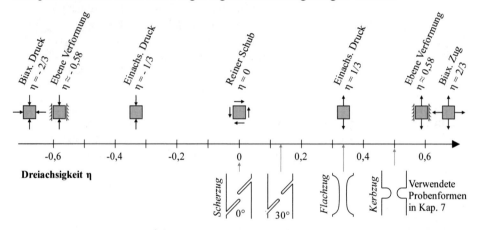

Bild 4-6:   Dreiachsigkeit als Maß für die Belastungsart (modifizierte Abbildung von [NEU18])

Der Beginn der Fließkurve kann aus den Kraft-Weg-Kurven des Zugversuchs bis zur
Gleichmaßdehnung (Instabilitätspunkt) bestimmt werden, da solange die Annahmen von
isochorer Plastizität sowie eindimensionalem und homogenem Spannungszustand zulässig sind. Ab dem Instabilitätspunkt bilden sich zunehmend Querspannungen aus, weshalb
eine Extrapolation der Fließkurve durch empirisch-mathematische Modellierungsansätze
mit mindestens C^1-Stetigkeit notwendig wird [WAG18, NEU18].

Typische Ansätze für metallische Werkstoffe umfassen die Verfestigungsgesetze nach
Voce, Hocket-Sherby, Ludwik, Swift, Gosh, Nadai/Reihle [DOE86, LAR10, OST14]. In
dieser Arbeit wird der Ansatz von Hocket-Sherby nach Gleichung 4.3 verfolgt.

Hocket-Sherby $$\sigma(\varepsilon) = a - b e^{-c\varepsilon^d}$$ (4.3)

Dabei beschreibt Parameter a den Wert, gegen den die Fließspannung bei hohen Dehnungen konvergiert, die Anfangsfließspannung ist über den Zusammenhang $\sigma(0) = a-b$ enthalten. Über die erforderliche C^1-Stetigkeit im Anschluss an den Instabilitätspunkt

ergeben sich die zwei freien Parameter c und d, die üblicherweise über inverse Modellierung bestimmt werden [SUN13].

Tabelle 4-3:   Erforderliche Merkmale und Werkstoffkennwerte für die Crashsimulation von
                Aluminium im betrachteten Verformungs- und Versagensmodell

	Elastisches Verhalten	**Plastisches Verhalten**	
		Quasistatisch	Dynamisch
Merkmale/ Werkstoff- kennwerte	• E-Modul • Poissonszahl • Anisotropie	• Techn./wahre σ-ε-Kur-ven → Bestimmung der Fließkurve • Lokale Dehnungsvertei-lung /Haupt- & Neben-formänderung • Bruchdehnung in Ab-hängigkeit des Span-nungszustands (Triaxia-lität)	• Techn./wahre σ-ε-Kurven in Abhän-gigkeit der Dehn-rate inkl. abgl. Kennwerte (R_p, R_m, A_g, A) → Dehnratenemp-findlichkeit
Versuche	• Flachzug/ • Rundzug	• Flachzug • Kerbzug • Scherzug 0°/30°	• Hochgeschwin-digkeits-Flachzug-versuch

GISSMO-Modell

Im folgenden Abschnitt wird ein Kurzüberblick über die Kernelemente des GISSMO-Mo-
dells gegeben. Auf eine weitergehende detaillierte Beschreibung der modelltheoretischen
Grundlagen wird an dieser Stelle indes verzichtet und stattdessen auf die Ausführungen in
ANDRADE ET AL [AND16] und NEUKAMM [NEU18] verwiesen.

Die Bestimmung der Versagenskurven und der notwendigen Modellparameter für
GISSMO erfolgt, wie eingangs erwähnt und in Bild 4-7 dargestellt, üblicherweise über
einen Reverse-Engineering-Ansatz, indem in Materialversuchen direkt messbare Kenn-
größen (z. B. Kraft/Weg) und optisch aufnehmbare Effekte (z. B. lokale Dehnfelder) als
Eingangs- und Referenzgrößen für die Simulation dienen. Ausgehend von einem Startwert
werden die freien Parameter anhand einer Zielwertfunktion so lange variiert, bis ein Kon-
vergenzkriterium erreicht ist. Zur Beschreibung der Schädigungsentwicklung wird im
GISSMO-Modell die phänomenologische innere Variable D ($0 \leq D \leq 1$) nach Gleichung
4.4 eingeführt.

$$D = \left(\frac{\epsilon^p}{\epsilon_f(\eta)} \right)^n \tag{4.4}$$

Dabei ist ϵ^p die äquivalent plastische Dehnung, $\epsilon_f(\eta)$ die äquivalent plastische Bruchdehnung in Abhängigkeit der Triaxialität η und n ein Parameter zur Steuerung einer nichtli-
nearen Schädigung (realitätsnahe Abdeckung der Nichtlinearität zwischen plastischer
Dehnung und interner Schädigung).

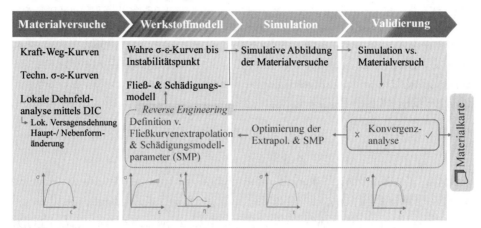

Bild 4-7: Prinzipielle Vorgehensweise zur Generierung von Materialkarten mittels Reverse Engineering für phänomenologische Versagensmodelle am Beispiel von GISSMO (Illustration in Anlehnung an [AND16, WAG18, NEU18])

Die Schädigungsentwicklung $\dot{D}$ wird dabei durch die Gleichung 4.5 beschrieben. Dabei
ist im Gegensatz zu anderen Ansätzen die direkte Abhängigkeit der Schädigungsevolution
von der äquivalent plastischen Dehnung eliminiert, was eine Ertüchtigung für stark nicht-
proportionale und zyklische Belastung bereitstellt.

$$\dot{D} = \frac{n}{\epsilon_f(\eta)} \, D^{\left(1-\frac{1}{n}\right)} \dot{\epsilon}^p \tag{4.5}$$

Für den monotonen Lastpfad (η = const.) ergibt sich Gleichung 4.6 aus 4.4. Dabei tritt
Werkstoffversagen ein, sobald D den Wert 1 erreicht.

$$D = \left(\frac{\epsilon^p}{\epsilon_f}\right)^n \tag{4.6}$$

Dem Modell liegt die Annahme zugrunde, dass die Bruchdehnung in Abhängigkeit von
der Triaxialität η variiert, weshalb Materialversuche unterschiedlicher Belastungsart als
Stützstellen für die Versagenskurve $\varepsilon_f^p(\eta)$ (LCSDG-Kurve) notwendig sind. Die Flexibilität im Vergleich zu anderen Modellen ergibt sich durch die punktweise freie Definition
der Stützstellen.

In GISSMO werden die Deformationsvorgänge allgemein in zwei Bereiche aufgeteilt:
Beim ersten homogenen Deformationsbereich ist noch keine Lokalisierung, d.h.

Einschnürung, eingetreten. Die Simulationsergebnisse besitzen in diesem Bereich noch keine Elementgrößenabhängigkeit. Die Evolutionsgleichung für die Schädigung wird angewendet, es findet jedoch keine Kopplung mit der Steifigkeit statt. Der zweite Bereich, nach der Lokalisierung, wird als postkritischer Bereich definiert. Da die Netzgrößenabhängigkeit ab hier verhindert werden soll, sind Maßnahmen zur Regularisierung notwendig, wie beispielsweise die Kopplung von Schädigung und materieller Steifigkeit, um die makroskopischen Ergebnisgrößen weitestgehend unabhängig von der Diskretisierung zu erhalten. Für die Instabilitätsprognose wird Variable F (Umformschwere) verwendet, die im homogenen Deformationsbereich akkumuliert und bei F = 1 den Beginn des postkritischen Bereichs markiert (Gleichung 4.7).

$$F = \left(\frac{\epsilon^p}{\epsilon_{crit}(\eta)} \right)^n \tag{4.7}$$

Mit ϵ_{crit} als Lokalisierungsdehnung in Abhängigkeit von η. Neben den Hauptelementen (Versagenskurve $\epsilon_f^p(\eta)$ und Instabilitätskurve $\epsilon_{crit}(\eta)$) sind die elementgrößenabhängigen Faktoren Fading-Exponent m (FADEXP) und Regularisierungsfaktor k (LCREGD) sowie Schädigungsexponent n (DMGEXP), SHRF und BIAXF zu bestimmen. Zum Verständnis der Wirkweise der einzelnen Parameter wird auf die eingangs erwähnten Quellen verwiesen.

4.2.3 Crashverhalten metallischer Energieabsorptionsstrukturen

In der Auslegung von crashbelasteten Fahrzeugstrukturen wird im Allgemeinen zwischen drei Geschwindigkeitsbereichen unterschieden: I) Bei kleinen Aufprallgeschwindigkeiten bis $v_0 \approx 4$ km/h (Bagatellunfälle) werden reversible Crashelemente wie beispielsweise Kunststoffanbauteile und darin enthaltene Schäume sowie metallische Strukturen wie der Querträger verwendet, die sich elastisch deformieren [KRÖ02]. Abgesehen von optischen Schäden bleibt die Strukturintegrität der Bauteile üblicherweise uneingeschränkt erhalten [SCH16b]. II) Für den Geschwindigkeitsbereich bis üblicherweise $v_0 \approx 15$ km/h, in dem circa 85 % aller Frontkollisionen stattfinden, werden Crashelemente verwendet, die sich durch plastische Deformation irreversibel verformen [KRÖ02]. Diese häufig als Crashabsorber oder Crashboxen bezeichneten Bauteile lassen sich nach einem Unfall meist mit begrenztem Aufwand kostengünstig austauschen, da die Hauptkarosserie durch deren Einsatz keine plastische Deformation erfährt [SCH16b, SCH16c]. Derartige Crashelemente werden vornehmlich aus dünnwandigen Strangpressprofilen hergestellt, die unter axialer Belastung durch Faltung (Faltenbeulen) die mechanische Energie aufnehmen (vgl. Bild 4-8). Weitere mögliche Energiedissipationsprinzipen, wie Inversion oder Pralldämpfer, sind in KRÖGER [KRÖ02] aufgeführt. III) Bei höheren Aufprallgeschwindigkeiten wird die Aufprallenergie durch die Hauptkarosseriestruktur, beginnend mit den Längsträgern und der Radaufhängung, aufgenommen [SCH16c]. Das Ziel in der Auslegung von Crashabsorbern liegt in einer effizienten Energieabsorption, was im idealen Fall eine Rechteckfunktion im Kraft-Weg-Verlauf darstellt [SCH16b]. Grundsätzlich kann in der Auslegung von Absorbern durch die Art der Energieumwandlung, durch den verwendeten Werkstoff (inklusive Materialkombinationen und Füllungen) sowie durch die Geometrie und das Herstellungsverfahren Einfluss auf das Absorptionsverhalten genommen werden. Da durch die additive Fertigung im Pulverbettverfahren viele Freiheiten bezüglich möglicher Geometrien und Füllstrukturen besteht, kann beispielsweise durch Gitter- und Hüllstrukturen gezielt Einfluss auf den Energieverlauf genommen werden. MERKT [MER15] untersuchte beispielsweise unterschiedliche generativ gefertigte Gittertypen für den Einsatz in maßgeschneiderten Bauteilfunktionen verschiedenster Anwendungsfälle. Ausschlaggebend für die grundsätzliche Einsatzfähigkeit im Crashbereich ist das Deformationsverhalten, das anhand folgender Kriterien charakterisiert werden kann:

Initiale Maximalkraft F_{max}

Die Maximalkraft F_{max} bis zum initialen Versagen der Struktur (erster Peak im Kraft-Verlauf, vgl. Bild 4-8) ist ein entscheidendes Kriterium der Insassensicherheit. Eine hohe Anfangskraft kann zu einer erhöhten Verzögerung und folglich zu einem erhöhten Verletzungsrisiko der Insassen führen. Dementsprechend sollte sie so weit wie möglich reduziert werden. Der zulässige Absolutwert ist vom Crashkonzept der jeweiligen Fahrzeugarchitektur abhängig.

Absolut absorbierte Energie

EA ist die insgesamt absorbierte Energie über den gesamten Stauchweg

$$EA = \int_0^{\delta_B} F(s)\, ds \qquad (4.8)$$

wobei δ_B der maximale Stauchweg und F(s) die ermittelte Kraft in Abhängigkeit des Stauchwegs s darstellt.

Durchschnittliche Stauchkraft

Die Stauchkraft F_{av} beschreibt die durchschnittliche Kraft, beginnend nach dem ersten Kraftpeak bis zum Stauchende

$$F_{av} = \frac{1}{\delta_B - \delta_A} \int_{\delta_A}^{\delta_B} F(s)\, ds \qquad (4.9)$$

mit δ_A Stauchweg nach dem ersten Kraftpeak (vgl. Bild 4-8) [BOR16].

Stauchkrafteffizienz

Die Stauchkrafteffizienz η_F beschreibt das Verhältnis von der durchschnittlichen Stauchkraft F_{av} und der initialen Maximalkraft F_{max} und ist somit ein Indikator für die Gleichför-
migkeit der Energieabsorption über den Stauchweg [MOH19]:

$$\eta_F = \frac{F_{av}}{F_{max}} \tag{4.10}$$

Energieabsorptionseffizienz

Das Verhältnis der real absorbierten Energie bis zu einem bestimmten Stauchwert zur
Energieabsorption eines idealen Absorbers wird als Energieabsorptionseffizienz η bezeichnet [DIN50134, SCH16c]. Die Absorption eines idealen Energieabsorbers beschreibt
eine Rechteckfunktion, d. h. die max. Verformungskraft wird direkt erreicht und bleibt
über den gesamten Verformungsweg konstant. Sie berechnet sich als Produkt aus dem
Kraftmaximum $F_{x,max}$ (innerhalb des betrachteten Stauchwegs) und Stauchweg s_x:

$$\eta_x = \frac{\int_0^{s_x} F(s)\, ds}{F_{x,max}\, s_x} \tag{4.11}$$

Faltungs- und Rissverhalten

Das Deformations- und Faltungsverhalten kann anhand des Faltungsrohrs, des ältesten
und am weitesten verbreiteten Crashabsorbers, charakterisiert werden [KRÖ02]. Bei axialer Belastung wird im Allgemeinen zwischen den in Bild 4-8 dargestellten vier Versagensformen unterschieden: a) symmetrisches Faltungsverhalten (*engl. ring mode/concer-
tina*) in Form eines gleichförmigen Faltenbalgs; b) unsymmetrische Form in Diamantform
(engl. diamond mode), bei der sich n-Seitenflächen, sogenannte Nasen, ausbilden;
c) Mischform aus symmetrischer und unsymmetrischer Faltung, wobei der Faltmechanismus stets von symmetrisch zu unsymmetrisch übergeht; d) Knickform nach Euler. Welche
Faltungsform sich dominierend einstellt, ist maßgeblich vom vorliegenden Längen-
Durchmesserverhältnis L/D und Wandstärken-Durchmesserverhältnis t/D abhängig. Für
Aluminium geben die experimentell ermittelten Ergebnisse von ANDREWS ET AL [AND83]
eine erste Orientierung. Die symmetrische Faltung weist durch einen etwas höheren plastischen Verformungsgrad gegenüber dem unsymmetrischen Fall ein höheres Energieabsorptionsvermögen auf [AND83]. Eine Variation des Faltmechanismus über mehrere
Versuche oder ein wechselnder Faltmechanismus ist nach KRÖGER [KRÖ02] auf die Sensitivität gegenüber Versuchsbedingungen zurückzuführen, wobei schon bei kleinen Auf-
prallwinkeln die symmetrische in eine unsymmetrische Faltung übergeht. Der charakteristische Kraft-Weg-Verlauf eines Faltungsrohrs ist durch den initialen Anfangspeak
(F_{max}) und die darauffolgende oszillierende Deformationskraft geprägt, wobei die jeweiligen Peaks den Beginn eines weiteren Faltvorgangs darstellen.

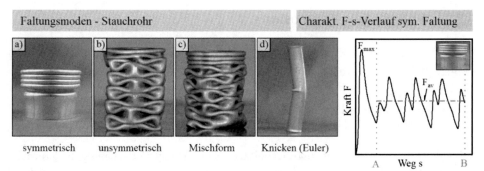

Bild 4-8:   Typische Versagensformen von Stauchrohren (a–d) sowie charakteristischer Kraft-
            Weg-Verlauf symmetrischer Faltung (rechts) [Bildquelle (b–d): Mercedes-Benz AG]

Neben dem Energieabsorptionsvermögen und dem Faltungsverhalten stellt das Rissverhalten ein weiteres entscheidendes Kriterium zur Bewertung der Crasheigenschaften dar.
Durch Rissbildung besteht die Gefahr eines unkontrollierten Versagensfortschritts, weshalb keine bzw. je nach Anwendungsfall nur geringfügige Rissbildung toleriert werden
kann. Eine mögliche Kategorisierung der Versagensformen ist in Tabelle 4-4 ersichtlich.

Tabelle 4-4:   Kategorisierung unterschiedlicher Versagensformen und zugehörige Erscheinungs-
               bilder (eigene Kategorisierung in Anlehnung an [DBL4919])

	Art		Versagensform	Erscheinungsbild
Zulässig	1	✓	Rissfrei	Kontinuierliche Faltung ohne visuell erkennbare Risse
	2	✓	Partiell	Partielle Rissausbildung (Risslänge << Proben-umfang), Strukturintegrität bleibt erhalten
Unzulässig	3	✗	Umlaufend/Durchbruch	Risse entlang des gesamten Querschnitts und/oder Ausbrechen von einzelnen Segmenten
	4	✗	Strukturverlust	Verlust der Strukturintegrität/Ausbruch von größeren Segmenten
	5	✗	Sprödbruch	Schlagartiges Materialversagen ohne nennens-werte plastische Deformation

4.3   Grundlagen – Korrosion

Korrosion (lat. *corrodere = zerfressen, zersetzen, zernagen*) ist nach DIN EN ISO 8044:2020 definiert als „die physikochemische Wechselwirkung zwischen einem Metall und seiner Umgebung, die zu Veränderungen der Eigenschaften des Metalls führt und die zu erheblichen Beeinträchtigungen der Funktion des Metalls, der Umgebung oder des technischen Systems, von dem diese einen Teil bilden, führen kann".

Folglich ist für die Auslegung eines technischen Systems unter Betrachtung der Korrosionsbeständigkeit immer die Kombination aus den drei Einflussbereichen *Werkstoff, System* und *Einsatzbedingungen* bedeutend. Typische Merkmale und Einflussgrößen sind in Tabelle 4-5 aufgelistet. Dabei ist indes zu beachten, dass es in allen drei Einflussbereichen zu Abweichungen kommen kann. Während durch ein geeignetes Qualitätsmanagement die werkstoff-, konstruktions- und fertigungsbedingten Faktoren in einem bestimmten Maße kontrollierbar sind, können die Einsatzbedingungen vielfältig variieren.

Tabelle 4-5:   Einflussbereiche und -faktoren auf das Korrosionsverhalten von Aluminiumwerkstoffen (in Anlehnung an [KUN01, GRO14, OST14])

Werkstoff	System Konstruktion/Design/ Fertigung	Einsatz- und Umgebungsbedingungen
• Art • Legierungszusammensetzung inkl. Verunreinigungselementen • Wärmebehandlungszustand • Gefügemorphologie (Homogenität) • Passiv- bzw. Oxidschicht	• Herstellungsverfahren • Oberflächenbeschaffenheit • Beschichtung • Kontakt mit Fremdmetallen • Kavitäten/Spalte	• Korrosionsmedium • Temperatur • ph-Wert • Einwirkdauer • Sauerstoffgehalt und Zirkulation • Anteile Chloride • Mechanische Beanspruchung (statisch, dynamisch) • Zusätzliche Schädigungsarten (Reibverschleiß, Erosion, Kavitation)

Dabei ist zu berücksichtigen, dass sich diese während der Lebensdauer eines Produktes ändern und – wie beim Automobil – signifikant vom Einsatzort und den damit verbundenen klimatischen Bedingungen abhängig sind [OST14]. Grundsätzlich ist zwischen dem eigentlichen Korrosionsprozess, dem daraus folgenden Korrosionsschaden (Beeinträchtigung der Funktionsfähigkeit) und einem finalen Korrosionsversagen (Ausfall/Verlust der Funktionsfähigkeit) zu unterscheiden [DIN8044, GRO14].

4.3.1 Aluminiumkorrosion

Die bei Metallen mit Abstand bedeutendste Korrosionsreaktion ist die elektrochemische Korrosion durch Einwirkung einer elektrisch leitfähigen Flüssigkeit (Elektrolyt) [SEI18]. Die zwei örtlich getrennt voneinander ablaufenden Mechanismen sind in Bild 4-9 schematisch dargestellt. Die anodische Teilreaktion ist die Oxidationsreaktion (Elektronenabgabe) und demnach die Auflösung des Metalls. Bei der kathodischen Teilreaktion werden Ionen oder Moleküle aus dem umgebenden Medium an der Oberfläche reduziert (Elektronenaufnahme). Trotz sehr unedlem Charakter mit einem Standardpotential von $E = -1,66$ V [SIC20] zeigt Aluminium eine hohe Korrosionsbeständigkeit. Die an blankem Aluminium unmittelbar entstehende Oxidschicht bewirkt eine Passivierung und folglich eine Veredelung des Potentials [ALT65, KUN01]. Die Oxidschicht setzt sich aus einer Sperrschicht ($\approx 1 - 2$ nm) und einer Deckschicht ($\approx 5 - 10$ nm) zusammen [OST14]. Die porenfreie Sperrschicht verhindert durch eine geringe Elektronen- und Ionenleitfähigkeit die Reaktion mit der Umgebung (z. B. Elektrolyt). Die darauf aufbauende, poröse und wasserhaltige Deckschicht weist eine gute Resistenz gegenüber chemischen, elektrischen und mechanischen Einflüssen auf und ist über einen pH-Bereich von $4,5 - 8,5$ weitgehend stabil [KAM12, OST14]. In Al-Werkstoffsystemen kann diese Resistenz lokal durch elektropositivere Legierungselemente im Mischkristall oder heterogene Ausscheidungen (primär/intermetallisch) drastisch reduziert werden. Diese anodische Verschiebung des Ruhepotentials durch Mischoxide in der Oxidschicht kann in lokalen Korrosionserscheinungen wie etwa Lochkorrosion resultieren (vgl. Tabelle 4-6).

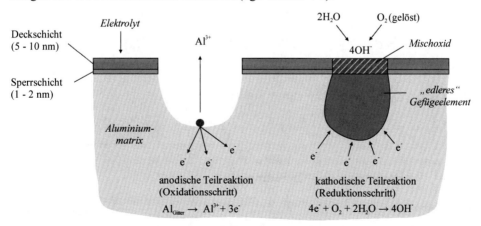

Bild 4-9: Elektrochemischer Korrosionsmechanismus bei Aluminium nach OSTERMANN [OST14]

Je höher die elektrochemische Inhomogenität (z. B. durch Ausscheidungen) ist, desto höher ist auch die Korrosionsanfälligkeit [OST14]. Beispielsweise besteht infolge heterogener Si-Primärausscheidungen an den Korngrenzen, meist ausgehend von lokal lochförmigen Korrosionsstellen, eine Tendenz zur interkristallinen Korrosion [KUN01].

Tabelle 4-6:   Korrosionsverhalten von Aluminium und Einfluss durch Legierungselemente
                [KUN01, BRU12]

Bestandteil	Korrosionsvorgang
Reinaluminium*	Gute Korrosionsbeständigkeit
Edlere Legierungselemente als Al-Matrix	Aluminium geht in Lösung (löst sich im Umkreis der Elemente auf). Anodische Verschiebung des Potentials. Begünstigung von Lochkorrosion.
Unedlere Legierungselemente als Al-Matrix	Ausscheidungen lösen sich bevorzugt anodisch auf und werden aus dem Gefüge oberflächlich herausgelöst

*vernachlässigbare Elementverunreinigungen

In Tabelle 4-7 sind ausgewählte Normalpotentiale der elektrochemischen Spannungsreihe aufgelistet.

Tabelle 4-7:   Elektrochemische Spannungsreihe, Halbzellenpotentiale bei 25 °C [LID96,
                KUN01, STA10]

Elektrodenreaktion (Aggregatzustand) und Standardpotential gegen SHE [mV]			
$Au^{3+} + 3e^- \rightleftharpoons Au(s)$	+1520	$Mn^{2+} + 2e^- \rightleftharpoons Mn(s)$	-1190
$Cu^{2+} + 2e^- \rightleftharpoons Cu(s)$	+340	$Zr^{4+} + 4e^- \rightleftharpoons Zr(s)$	-1450
$2H^+ + 2e^- \rightleftharpoons H_2(g)$	0	$Al^{3+} + 3e^- \rightleftharpoons Al(s)$	-1660
$Fe^{3+} + 3e^- \rightleftharpoons Fe(s)$	-40	$Ti^{2+} + 2e^- \rightleftharpoons Ti(s)$	-1630
$Si^{4+} + 4e^- \rightleftharpoons Si(s)$	-910	$Mg^{2+} + 2e^- \rightleftharpoons Mg(s)$	-2362

4.3.2   Korrosionsarten – Grundmetall

Die Anfälligkeit und die Erscheinungsformen der Korrosion von Aluminium sind von den Legierungsbestandteilen, dem Fertigungsverfahren und den Korrosionsmedien abhängig. Nachfolgend wird auf die für diese Arbeit hauptsächlich relevanten Korrosionserscheinungen eingegangen.

Lochkorrosion (Lochfraßkorrosion – LK)

Lochkorrosion (engl. pitting corrosion) beschreibt eine Korrosionsart, bei der das örtliche Versagen der Passivschicht zu einem stark lokalisierten Metallabtrag in Form von Löchern oder Mulden führt [KUN01, KAE11, OST14]. In halogenhaltigen, im automobilen Umfeld meist chloridhaltigen, wässrigen Umgebungen beginnt Lochkorrosion überwiegend an Stellen der Oxidschicht, an denen durch intermetallische Phasen, Mischoxide oder mechanische Schädigungen Inhomogenitäten vorhanden sind und ein Elektronen- und Ionenaustausch mit der Umgebung möglich ist [KAE11, BRU12].

Der Prozess kann in eine Entstehungsphase (Lochbildung) und eine Wachstumsphase (Lochausbreitung) unterteilt werden. Die Entstehungsphase ist durch den Defekt der Passivschicht gekennzeichnet, der durch den kompetitiven Adsorptionsprozess zwischen Cl^- und OH^--Ionen an Inhomogenitäten (Defektstellen) hervorgerufen wird [BRE12]. In der anschließenden Lochausbreitungsphase wachsen die entstandenen Angriffsstellen (Pits) weiter, indem Aluminium aufgelöst wird und die Aluminium-Ionen (Al^{3+}) zum Teil ausdiffundieren und mit dem umgebenden Wasser zu $AlOH^{2+}$ und H^+-Ionen hydrolisieren (vgl. Gleichung 4.12 [KAE11] und Bild 4-10).

$$Al^{3+} + H_2O \rightarrow Al(OH)^{2+} + H^+ \qquad (4.12)$$

Das sich bildende Aluminiumhydroxid scheidet sich als weißes Korrosionsprodukt am Lochrand zu sogenannten Ausblühungen ab [OST14]. Zugleich diffundieren Cl-Anionen in das Lochinnere, wodurch es unter Reaktion mit weiteren Al^{3+}-Kationen zur Bildung eines an gelöstem $AlCl_3$ reichen ‚Lochelektrolyten' kommt, der durch die Hydrolyse stark angesäuert ist (Säurebildung durch H+-Ionen), was zu einer Senkung des pH-Werts auf ~ pH 1 bis ~ pH 3 führt [OST14].

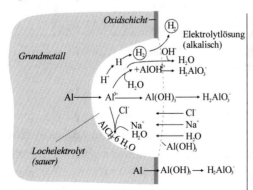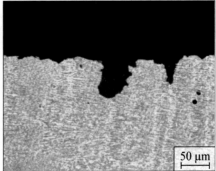

Bild 4-10: Mechanismus der Lochkorrosion von Aluminium bei anodischer Polarisation in schwach alkalischer NaCl-Lösung nach KAESCHE [KAE11] (links); Lochkorrosion am Beispiel von LPBF-AlSi10Mg (rechts) [eigene Aufnahme]

Durch den kathodischen Prozess wird Wasserstoff aus dem sauren Lochelektrolyten ab-geschieden. Die Korrosionsfortschrittsgeschwindigkeit steigt im Allgemeinen mit zuneh-mendem Chloridgehalt an [KAE11]. Kennzeichnend für die erzeugten Löcher bei Al-Si-Mg-Legierungen sind der an den Rändern vorliegende sogenannte Lochfraß (‚ausge-franzte' Wände) sowie eine Tiefe, die meist größer ist als der Lochdurchmesser, was u. a. durch den bevorzugten Korrosionsfortschritt entlang von Korngrenzen hervorgerufen wird [OST14].

Interkristalline Korrosion (IK)

Als interkristalline Korrosion (engl. intergranular corrosion, IGC) wird eine selektive Kor-rosionsart bezeichnet, deren Angriff bevorzugt entlang von Korn- und Phasengrenzen auf-tritt. Der IK-Angriff beruht, wie die Lochkorrosion, auf einem mikrogalvanischen Prozess zwischen anodisch und kathodisch wirkenden Gefügeelementen und tritt häufig in Ver-bindung mit initialer LK auf [OST14]. Kennzeichnend für IK ist das schnelle Fortschreiten des Korrosionsangriffs entlang der Korngrenzen unter Ausbildung von Gräben, deren Breite im Verhältnis zur Tiefe verschwindend klein ist. Der Zusammenhalt zwischen den Körnern wird dadurch geschwächt (vgl. Bild 4-11), woraufhin bei einem sehr geringen Gesamt-Metallverlust die mechanische Integrität des Werkstoffs drastisch reduziert wird [KAE11].

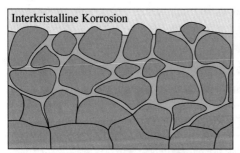

Interkristalline Korrosion

25 μm

Bild 4-11: Schematische Darstellung von interkristalliner Korrosion (links)[eigene Illustration]; Anzeichen von interkristalliner Korrosion am Beispiel von Druckguss-AlSi10Mg (rechts) [eigene Aufnahme]

Bei den IK-Mechanismen wird zwischen der bevorzugten Auflösung von dichten, film- bzw. netzwerkartigen Korngrenzenausscheidungen (hier: Si oder Mg_2Si) und der Auflö-sung von korngrenzennahen, an Legierungselementen verarmten Zonen (PfZ) bei Bildung von Si-Ausscheidungen an den Korngrenzen unterschieden [OST14]. Die betrachtete Werkstoffklasse der ausscheidungshärtenden Aluminiumlegierungen ist besonders kri-tisch, da die erwünschten Härtungseffekte (Ausscheidungsphasen) eine erhöhte IK-Anfäl-ligkeit hervorrufen können [KAE11, OST14]. Für Knetlegierungen ist bekannt, dass sich bei Al-Si-Mg-Systemen mit Si-Überschuss zwar höhere Festigkeitswerte erzielen lassen, dabei aber die Korrosionsbeständigkeit sinkt [KUN01]. Durch die heterogenen Si-Primärausscheidungen an den Korngrenzen steigt, meist nach initial einsetzender Lochkorrosion, die Tendenz zu interkristalliner Korrosion. Dabei haben sowohl die Ausscheidung als auch die gesättigte Kornmatrix einen leicht kathodischen Charakter (vgl. Tabelle 4-6). Über den Einfluss der Mg_2Si-Phase herrscht nach OSTERMANN [OST14] Uneinigkeit, wobei der deutlich elektronegativere Charakter (Potential ≈ -1230 mV (GKE)) meist als Auslöser von Loch- und interkristalliner Korrosion interpretiert wird. Dagegengehalten wird, dass durch den stark anodischen Charakter der Mg_2Si-Ausscheidungphase die Matrix passiviert oder durch deren Auflösung im Korrosionsfall das Mg ausgelöst und das Si in Siliziumoxid (elektrochemisch neutral) umgewandelt wird, was die Korrosionsbeständigkeit eher erhöht.

Spannungsrisskorrosion (SpRK)

Unter Spannungsrisskorrosion (engl. stress corrosion cracking, SCC) wird eine Rissbildung in Werkstoffen verstanden, die durch die gleichzeitige Einwirkung von Zugspannungen und aggressiven Medien (z. B. wässrige Elektrolyten) hervorgerufen wird [TOS17]. Voraussetzung für das Auftreten von SpRK ist eine Kombination aus Legierungsbestandteilen, Herstellungsverfahren, Wärmebehandlungszustand, korrosiver Umgebung und der gleichzeitigen Beanspruchung mit sowohl statischen als auch zunehmenden oder niederfrequenten positiven Normalspannungen. Bei Metallen treten diese Schäden nur im passiven Zustand in Form von verformungsarmen Rissen mit trans- oder interkristallinem Verlauf senkrecht zur Zugspannung auf [KAE11, TOS17]. Die SpRK stellt für sicherheitskritische Bauteile ein besonderes Risiko dar, da äußerlich kein Phänomen wie etwa Metallabtrag erkennbar ist und es nach teils längeren Inkubationszeiten zu einem schlagartigen Versagen des Bauteils kommen kann [TOS17]. Spannungsrisskorrosion ist meist ein Phänomen der Wasserstoffversprödung. Durch eine wasserstoffbildende Reaktion mit dem Umgebungsmedium kann atomarer Wasserstoff in die durch Zugspannungen erweiterten Korngrenzen eindringen. Die Wasserstoffatome diffundieren in Bereiche erhöhter Zugspannungen, die als Wasserstoffsenken wirken, und erniedrigen dort durch Dekohäsionswirkung die Trennfestigkeit der Korngrenzen [OST14, TOS17].

Bei Aluminium tritt vorwiegend interkristalline SpRK bei den Legierungssystemen Al-Zn, Al-Mg, Al-Cu, Al-Li sowie Kombinationen dieser Legierungsbildner auf [OST14]. Eine Anfälligkeit gegenüber Spannungsrisskorrosion ist bei Al-Si-Mg-Systemen bisher nicht bekannt, was auf eine Aufhebung der wasserstoffbindenden Wirkung des Magnesiums durch Silizium hindeutet [TOS17]. Für laserstrahlgeschmolzenes Al-Si-Mg sind in der Literatur gegenwärtig noch keine Erkenntnisse vorhanden, weshalb eine SpRK-Anfälligkeit nicht grundsätzlich ausgeschlossen werden kann.

4.3.3 Korrosionsschutz im Automobilbau und Schadensarten von Beschichtungen

Die Karosserien heutiger Automobile bestehen aus einem vielfältigen Materialmix, der derzeit nur durch die Kombination verschiedenster Fügeverfahren zu realisieren ist. Anschließend bedarf es geeigneter Vorbehandlungs- und Beschichtungsprozesse, die einen dauerhaften Korrosionsschutz bieten und den dekorativen Qualitätsanforderungen gerecht werden. Diese Beschichtungen müssen dauerhaft gegen äußere Einflüsse wie Witterung, Baumharze, Vogelkot, Säuren, Laugen, Salze sowie organische Lösungsmittel beständig sein. Durch mechanische Belastungen wie z. B. Steinschläge darf die Automobillackierung in ihrer Schutzfunktion ebenfalls nicht beeinträchtigt werden [REN02, GOL14]. Diese hohen Anforderungen sind nur durch mehrere aufeinander abgestimmte Lackschichten zu gewährleisten. In dieser Arbeit werden vorwiegend die für den Korrosionsschutz maßgeblichen ersten Schritte – Vorbehandlung und kataphoretische Tauchlackierung – betrachtet. Einen vollständigen und detaillierten Überblick über den Lackaufbauprozess ist beispielsweise in RENTZE ET AL [REN02] sowie GOLDMANN UND STREITBERGER [GOL14] zu finden.

Filiformkorrosion

Filiformkorrosion kann bei lackierten metallischen Oberflächen auftreten und kennzeichnet sich durch fadenförmige, oberflächliche Unterwanderung der Beschichtung ausgehend von Schwachstellen oder Verletzungen [GOL14]. An diesen Fehlstellen können Chloride mit der metallischen Oberfläche reagieren und als Aktivator dienen. Bei hoher Luftfeuchtigkeit (> 65 % [TOS17]) kann sich hochkonzentrierter Elektrolyt an und unter der Beschichtung ausbilden. Aus der Umgebungsluft diffundiert Sauerstoff durch die Lackmembran oder die Oxidschicht, was zu einer Korrosionszelle führt. An der sauerstoffreichen Grenzfläche Elektrolyt–Luft bildet sich die Kathode, an der sauerstoffarmen Grenzfläche Elektrolyt–Metall die Anode (Spitze des Korrosionsfadens). Durch Hydrolyse sinkt der pH-Wert an der Anode, wodurch der osmotische Druck des Elektrolyten erhöht wird. Die daraus resultierende erhöhte Wasseraufnahme aus der Umgebung bewirkt eine Volumenzunahme des Elektrolyten, was zusammen mit den entstehenden Korrosionsprodukten in einer Schichtablösung und einem aktiven Fadenkopf resultiert. Die treibende Kraft für das Fadenwachstum sind die Sauerstoffkonzentrationsunterschiede zwischen Fadenkopf (Sauerstoffarmut und konzentrierte Salzlösung → hohe Metallauflösung) und Fadenstamm (neutrale bis alkalische Korrosionsprodukte/Passivierung) [TOS17]. Durch Fortschritt des Fadenkopfs wird die Membran aus wasserhaltigen Korrosionsprodukten erneuert und die bisherige entwässert. Durch die entwässerten Korrosionsprodukte kann Sauerstoff zur neuen Membran diffundieren und die Korrosionszelle bleibt erhalten. Bei Trennung oder sehr hohen Luftfeuchtigkeiten (> 95 %) würde Blasenbildung entstehen. Durch eine geringe Tiefenausdehnung (ca. 40 μm) hat die Filiformkorrosion einen vernachläs-sigbaren Einfluss auf die mechanische Festigkeit, die Fehlstellen sind lediglich dekorati-ver Natur [WEN98]. Durch eine Teilablösung der Beschichtung und nachfolgende Grund-metallkorrosion können indes stärkere Schäden hervorgerufen werden [TOS17].

Blasenbildung

Abgrenzend zu Korrosionsmechanismen durch Schichtverletzungen (z. B. Filiformkorro-sion) kann es bei noch intakten Beschichtungen zu einer Blasenbildung kommen. Der Zu-stand der Werkstoffoberfläche beeinflusst in hohem Maße die Haftfestigkeit und Korrosi-onsschutzwirkung. Die Korrosionsart verläuft aufgrund von diffusions- und migrations-bestimmten Vorgängen meist langsam. Der häufigste Versagensfall ist die osmotische Blasenbildung. Durch nicht gelöste Verunreinigungen auf der Werkstoffoberfläche (z. B. Salze) kann sich eine semipermeable Membran ausbilden, die durchlässig für Wasser, aber nicht für Ionen ist. Ein Potentialgradient vom salzarmen Medium außerhalb der Beschich-tung zu den Salzen unter der Oberfläche entsteht. Wasser diffundiert ein und es bildet sich eine wässrige Elektrolytphase. Der in der Beschichtung vorliegende Sauerstoff wirkt als Oxidationsmittel in der Salzlösung und kann eine elektrolytische Korrosion in Gang set-zen. Durch den Verbrauch von Sauerstoff entsteht ebenfalls ein Potentialgradient, der wei-teren Sauerstoff nachdiffundieren lässt. Durch diese örtliche Anreicherung von Flüssigkeit und Korrosionsprodukten kann sich eine Blase bilden. Der sich aufbauende Druck kann zum Aufplatzen der Beschichtung führen [TOS17].

5 Versuchsmethoden, Anlagenkonfigurationen und Messtechnik

Die Betrachtungsbereiche der vorliegenden Arbeit erfordern eine detaillierte Charakterisierung der Grundwerkstoffe sowie eine praxisorientierte Analyse der Materialeigenschaften in Bezug auf die Fokusthemen Crash und Korrosion. Die verwendeten Versuchsmethoden, Anlagenkonfigurationen sowie die Mess- und Prüftechnik werden in den nachfolgenden Abschnitten beschrieben.

5.1 Prüfkörperherstellung, Werkstoffanalytik und mechanische Prüfung

5.1.1 LPBF-Anlagenkonfigurationen und Fertigungsbedingungen

Die in der Arbeit analysierten Prüfkörper wurden auf Laserstrahlschmelzanlagen vom Typ *M2 cusing* (FA. CONCEPT LASER GMBH, LICHTENFELS, GER) mit drei unterschiedlichen Maschinenkonfigurationen hergestellt. Die verwendeten Konfigurationen, Fertigungsparameter und -bedingungen sind in Tabelle 5-1 angegeben.

Die Probekörper aus AlSi10Mg wurden mit Pulver aus dem laufenden Produktionskreislauf aufgebaut, weshalb sie zu einem Großteil aus Recyclingpulver bestanden. Nach ABOULKHAIR ET AL [ABO14], ASGARI ET AL [ASG17] und MAAMOUN ET AL [MAA18a] ist die Verwendung von Recyclingpulver nach einer geeigneten Siebung für eine kostengünstige Produktion zulässig. In einer Pulvercharakterisierung von neuem und recyceltem Pulver ermittelten sie nahezu gleiche Ergebnisse für die Partikelgrößenverteilung, chemische Zusammensetzung, Kristallgröße und den Oberflächenoxidgehalt. Im Rahmen dieser Arbeit zeigten die Prüfkörper im Fertigungszustand sowohl in Bezug auf die Dichte als auch die mechanischen Eigenschaften vergleichbare Werte.

Die Fertigung der Prüfkörper aus AlSi3,5Mg2,5 erfolgte im Rahmen der Legierungsentwicklung des Projekts *CustoMat3D* beginnend mit Neupulver und mit einem über die Fertigungschargen steigenden Anteil an Recyclingpulver. Die jeweiligen Anteile an Neu- und Recyclingpulver waren bei beiden Werkstoffen ablaufbedingt nicht direkt quantifizierbar. Die initiale Einhaltung der Spezifikation zur chemischen Zusammensetzung des Pulvers, der Korngrößenverteilung, Sphärizität und Satellitenbildung wurde jeweils durch ein Chargen-Prüfzeugnis und eine Wareneingangskontrolle sichergestellt. Untersuchungen zum Einfluss der Pulverqualität auf die Verarbeitung und resultierenden Eigenschaften lagen außerhalb des Fokus dieser Arbeit.

Tabelle 5-1:   Prozess- und Maschinenparameter bei der Fertigung von AlSi10Mg und
                AlSi3,5Mg2,5

Werkstoff	AlSi10Mg	AlSi3,5Mg2,5	AlSi3,5Mg2,5
Maschinen-konfiguration	MK-1	MK-2A	MK-2B
Maschinentyp	CL M2 Single (Classic)	CL M2 Dual (Classic)	CL M2 Dual (UP1)
Laserleistung P_L	370 W	370 W	370 W
Scangeschw. v_s	1500 mm/s	1200 mm/s	1300 mm/s
Spurabstand h_S	0,10 mm	0,11 mm	0,11 mm
Schichtdicke l_Z	0,03 mm	0,05 mm	0,05 mm
Scanstrategie	Schachbrett	Schachbrett	Schachbrett
Schutzgas	Stickstoff	Stickstoff	Stickstoff
Bauraumheizung	keine	keine	keine
Korngröße	20-63 µm	20-63 µm	20-63 µm
Volumenrate V_R	4,5 mm³/s	6,6 mm³/s	7,2 mm³/s
Volumenenergie-dichte E_V	82,2 J/mm³	56,1 J/mm³	51,8 J/mm³

Der Oberflächenzustand aller Prüfkörper entspricht, sofern nicht abweichend angegeben, standardmäßig der druckrauen Oberfläche inklusive Reinigungsstrahlen mit Edelkorund (kein Verdichtungsstrahlen). Diese Ausführungsart wurde gewählt, um eine möglichst anwendungsnahe Bauteiloberfläche zu prüfen.

5.1.2   Werkstoffanalytik

Das makroskopische Werkstoffverhalten, beispielsweise unter mechanischer Last oder in korrosiver Umgebung, wird hauptsächlich durch den mikrostrukturellen Gefügeaufbau bestimmt. Zum Verständnis der ablaufenden Verformungs- und Schädigungsmechanismen und der zugrundeliegenden Struktur-Eigenschafts-Beziehungen war es notwendig, den Werkstoff umfassend auf Makro-, Mikro- und Nanometerebene zu charakterisieren. Die zur Analyse und Bewertung verwendeten Methoden, Messtechniken und Versuchsanlagen sind nachfolgend aufgeführt.

Auflichtmikroskopie

Die Bestimmung der Porositätsverteilung nach dem Fertigungsprozess sowie Korrosions-
angriffstiefen und Schädigungsmechanismen nach Korrosionsprüfung erfolgte an einem
Auflichtmikroskop vom Typ AXIO IMAGER.M2M (CARL ZEISS MICROSCOPY GMBH, JENA,
GER) nach metallographischer Schliffpräparation. Zur Kontrastierung kam optional eine
Ätzlösung bestehend aus 85 vol.-% destilliertem Wasser (H_2O), 5 vol.-% Flusssäure (HF)
und 10 vol.-% Schwefelsäure (H_2SO_4) mit einer Ätzzeit von t = 5 s zum Einsatz.

Rasterelektronenmikroskopie (REM)

Zur optischen Charakterisierung der Gefügemorphologie und Bruchflächen wurden Ras-
terelektronenmikroskope vom Typ LEO 1450VP und SIGMA 300VP (CARL ZEISS
MICROSCOPY GMBH, JENA, GER) verwendet. Bei der Rasterelektronenmikroskopie wird
im Hochvakuum die zu untersuchende Oberfläche mit einem fokussierten Elektronenstrahl zeilenförmig gescannt (gerastert). Trifft der Elektronenstrahl auf eine elektrisch leit-
fähige Objektoberfläche, kommt es in Folge elastischer und inelastischer Streuung der
Primarelektronen (PE) mit den Atomen (Atomkern, Elektronenhülle) zu folgenden Wech-
selwirkungsprodukten: Augerelektronen, Sekundärelektronen, Rückstreuelektronen,
Röntgenstrahlung, Kathodolumineszenz. Diese können mithilfe von abbildenden und analytischen Detektoren gemessen werden (indirekte Bildgebung, vgl. Bild 5-1) [BIE15].
Vorteilig ist die im Vergleich zur Lichtmikroskopie höhere Tiefenschärfe und Auflösegenauigkeit (SIGMA 300VP $\approx$ 2 nm).

Elektronenrückstreubeugung (EBSD)

Ein hochauflösendes Verfahren zur Bestimmung der Werkstofftextur stellt die Rückstreu-
elektronenbeugung (engl. electron backscattered diffraction, EBSD) dar, die auf der Auswertung von charakteristischen Rückstreuelektronen-Kikuchi-Pattern basiert. Dabei werden die Elektronen eines Primärstrahls an den Netzebenen des Werkstoffkristallgitters entsprechend der Bragg'schen Gleichung mit dem Beugungswinkel θ gebeugt. Typischerweise wird die Probe um 70° zur Primärstrahlrichtung gekippt, da sich dadurch die
Intensität der Rückstreuelektronen durch konstruktive Interferenz erhöht [BIE15]. Ein gegenüber der Probe platzierter Phosphorschirm bildet eine Schnittebene der erzeugten Beu-
gungskegel als parallele Linien ab, die sog. Kikuchi-Linien bzw. Kikuchi-Bänder. Da dieser Vorgang an mehreren unterschiedlichen Netzebenen zugleich stattfindet, überlagern
sich die Linienpaare zu sog. Kikuchi-Pattern. Über eine CCD-Kamera werden die entspre-
chenden Beugungsbilder abgebildet und mit einer Software ausgewertet [SCH09]. Jedem
Messpunkt wird eine Kristallorientierung zugeordnet, was durch eine rasterförmige Untersuchung eine Flächentexturanalyse ergibt. Die Aufnahmen wurden in einem ZEISS
CROSSBEAM AURIGA FIB-SEM mit einem EBSD-Detektor vom Typ SYMMETRY S2

(OXFORD INSTRUMENTS PLC, ABINGDON, UK) bei einer Beschleunigungsspannung von 10 kV, einer Schrittweite von 0,5 μm und einer Belichtungszeit von 15 ms pro Punkt angefertigt. Dabei wurden 11 Bänder pro Pattern indiziert und 44 Reflektoren (entspricht Netzebenen) zur Simulation der Pattern von Aluminium verwendet.

Transmissionselektronenmikroskopie (TEM)

Eine weitere Steigerung der Auflösegenauigkeit und eine direkte Bildgebung bietet die hochauflösende Transmissionselektronenmikroskopie (HR-TEM). Dabei wird die Probe mit einem hochenergetischen Elektronenstrahl (bis ca. 1300 kV, hier: 200 kV) durchstrahlt. Über ein Objektiv-Linsensystem wird ein erstes Zwischenbild erzeugt, das über Projektiv-Linsen weiter vergrößert und auf einem Leuchtschirm/Detektor abgebildet wird. Das Funktionsprinzip ähnelt dabei der Lichtmikroskopie (vgl. Bild 5-1).

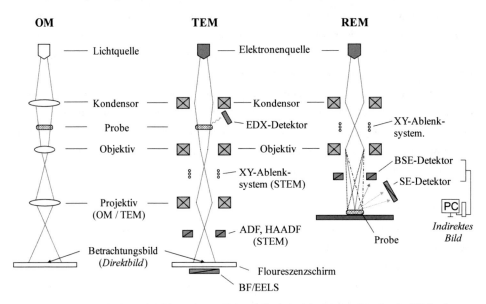

Bild 5-1:   Schematische Darstellung der Funktionsprinzipien der Lichtmikroskopie (OM), der Transmissionselektronenmikroskopie (TEM) und der Rasterelektronenmikroskopie (REM) (Illustration in Anlehnung an [BIE15, INK16])

Voraussetzung ist die Elektronentransparenz (Durchstrahlbarkeit) des Probenmaterials, wodurch höchste Anforderungen an die Probenpräparation gestellt werden. Je höher die Ordnungszahl sowie die erforderliche Auflösungsgenauigkeit sind und je niedriger die mögliche Beschleunigungsspannung ist, desto dünner muss das Objekt sein. Typische Objektdicken liegen bei ≈ 10 – 100 nm. Die untersuchten Lamellen wurden mittels FIB-Präparation (engl. Focussed Ion Beam) in einem REM vom Typ ZEISS XB 550 vorerzeugt. Eine ausführliche Beschreibung dieser Präparationstechnik wird in SCHAFFER ET AL [SCH12] gegeben. Die Analysen fanden an einem HR-TEM vom Typ ARM 200 mit

CEOS Cs-Korrektor (JEOL LTD., AKISHIMA, JP) statt. Die Durchstrahlrichtung war dabei immer senkrecht zur AM-Generierebene (XY-Ebene). Die TEM-Abbildungen wurden mit einem in der optischen Achse liegenden Hellfelddetektor (BF) erstellt. Im STEM-Modus wurde ein konzentrisch angeordneter Dunkelfelddetektor (engl. Annular Dark Field Detector – ADF) verwendet. Unter zusätzlicher Verwendung eines EDX-Detektors (Energiedispersive Röntgenspektroskopie) war eine ortsaufgelöste, quantitative Analyse der Elementzusammensetzung der Lamellenoberfläche möglich.

Dynamische Differenzkalorimetrie (DSC)

Mit Hilfe der Wärmestrom-Differenzkalorimetrie (*engl. differential scanning calorimetry, DSC*) ist bei metallischen Werkstoffen das Phasenumwandlungs- und Schmelzverhalten analysierbar. Dabei wird die abgegebene bzw. aufgenommene Wärmemenge bestimmt, die eine Probe bei physikalischen oder chemischen Umwandlungsprozessen während kontrollierter Aufheizung oder Abkühlung umsetzt. Durch die Umwandlung ändert sich die innere Energie des Reaktionsmediums, die bei konstantem Druck als Enthalpie H bzw. Enthalpie-Änderung ΔH zu betrachten ist. Eine Erhöhung der Enthalpie ist bei der Auflösung von Ausscheidungen (Endothermer Vorgang) und eine Erniedrigung bei der Phasenbildung (exothermer Vorgang) zu verzeichnen [STÜ18]. Schmelzvorgänge sind während des Aufheizvorgangs als stark endotherme Peaks erkennbar. Bei der DSC-Methode wird die Temperaturdifferenz von zwei in einem Ofen befindlichen wärmeleitenden Probenplätzen analysiert. Auf dem einen Platz wird das Probenmaterial in einem Tiegel platziert, während sich auf dem anderen ein üblicherweise leerer Tiegel als Referenz befindet (vgl. Bild 5-2).

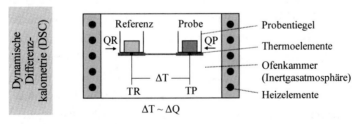

<u>Bild 5-2</u>:   Schematische Darstellung einer dynamischen Wärmestromdifferenzkalometrie (eigene Illustration)

Die Erwärmung oder Abkühlung der beiden Tiegel verläuft dabei näherungsweise proportional, bis eine Umwandlungsreaktion eintritt. Durch Integration der ΔT-T_{Ref}-Kurve kann der Wärmestrom, d. h. die Enthalpieänderung, bestimmt werden. Zur Bestimmung der Phasenumwandlungen von AlSi3,5Mg2,5 wurde ein Wärmestrom-Differenzkalorimeter vom Typ DSC 204F1 PHOENIX (NETZSCH GERÄTEBAU GMBH, SELB, GER) verwendet. Dabei wurden jeweils drei Messungen an Neupulver und abgedrehten Probenscheiben von

Rundstäben im Fertigungszustand mit jeweils zwei Heizzyklen durchgeführt. Durch den ersten Zyklus wird eine Aussage über den Ist-Zustand ermöglicht, der beispielsweise durch die thermische Vorgeschichte während der Pulververdüsung und entsprechend des additiven Fertigungsprozesses (z. B. in-situ-Aushärtungsgrad) bedingt ist. Nach langsamer Abkühlung im ersten Zyklus können im zweiten Durchlauf prozessunabhängige Informationen zu werkstoffspezifischen Mechanismen und Kennwerten gesammelt werden. Die Untersuchungen fanden unter Stickstoffatmosphäre in Al-Tiegeln bis zu einer max. Temperatur von T = 600 °C statt.

5.1.3   Mechanische Werkstoffprüfung

Quasistatische Materialkennwerte und digitale Bildkorrelation

Die quasistatischen mechanischen Eigenschaften ($R_{p0,2}$, R_m, A) wurden im uniaxialen Zugversuch in Anlehnung an DIN EN ISO 6892-1:2020 [DIN6892] an einer elektromechanischen Universalprüfmaschine vom Typ Z100 (ZWICK & ROELL GMBH & CO. KG, ULM, GERMANY) bei Raumtemperatur ermittelt. Sofern nicht abweichend angegeben, sind standardmäßig in Endkontur gedruckte Rundzugproben (druckraue Prüfoberfläche) der Form B5x25 nach DIN 50125:2016 [DIN50125] verwendet worden. Je Zustand wurden mindestens fünf Proben bei konstanter Dehnrate von $\dot{\varepsilon} = 0{,}001$ s^{-1} geprüft und daraus der Mittelwert und die Standardabweichung gebildet. Die Längenänderung wurde über Ansetz-Feindehnungsaufnehmer (Fühler-Extensometer) bis zum Bruch gemessen.

Zur Analyse des Verformungs- und Schädigungsverhaltens unter mehrachsiger Beanspruchung (vgl. Unterkapitel 4.2.2) wurden Kerb- und Scherzugversuche in Anlehnung an FAT 283 [TRO15] bei einer Dehnrate von $\dot{\varepsilon} = 0{,}00667$ s^{-1} durchgeführt. Die verwendeten Probengeometrien sind in Bild 4-6 ersichtlich. Mit Hilfe der digitalen Bildkorrelation (*engl.* DIC – digital image correlation) konnten anhand von applizierten stochastischen Oberflächenmustern lokale Verschiebungen während des Versuchs analysiert werden und es ließ sich die wahre Dehnungsverteilung bis zum Bruch bestimmen. Dabei wurde anhand von Bilderserien die Musterverschiebung von diskreten Parzellen der Oberfläche gegenüber einem Referenzbild vor der Prüfung verglichen, um daraufhin die Länge und Richtung des Verschiebungsvektors zu bestimmen (Bild 5-4 rechts). Für den quasistatischen Fall fand die Aufnahme in stereoskopischer Anordnung mit einem Kamerasystem vom Typ GOM PONTOS 12MP (GOM GMBH, BRAUNSCHWEIG, GER) unter Verwendung der Analysesoftware GOM ARAMIS PROFESSIONAL statt. Für die Crashsimulation wurden die *von-Mises*-Vergleichs-Dehnungsverteilung sowie Haupt- und Nebenformänderung unmittelbar vor Versagen ermittelt.

Plättchen-Biegeversuch nach VDA 238-100

Zur Bewertung des Verformungsverhaltens und der Anfälligkeit gegenüber einem Versagen von metallischen Werkstoffen bei Umformprozessen mit dominanten Biegeanteilen (z. B. Falzoperationen) oder bei Crashbelastung dient der Plättchen-Biegeversuch nach VDA 238-100. Charakteristischer Kennwert ist der beim Anriss der Probe vorherrschende Biegewinkel, der sich entweder aus der Vorschubbewegung des Biegestempels und der geometrischen Prüfanordnung berechnet (siehe Bild 5-3) oder mittels manueller Nachvermessung per Winkelmesser bestimmt werden kann. In der automobilen Werkstoffentwicklung hat sich gezeigt, dass der so ermittelte Biegewinkel ein geeigneteres Maß zur Charakterisierung der Duktilität ist als die im Zugversuch ermittelte Bruchdehnung. In dieser Arbeit fand die Biegeprüfung immer orthogonal zur Druckrichtung statt (Finnenhauptachse = Beschichtungsrichtung), was der kritischsten Belastungssituation entspricht.

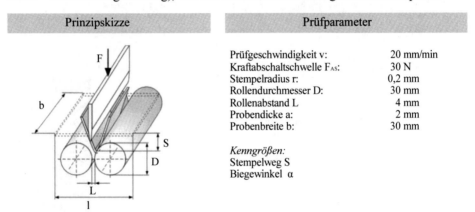

Prinzipskizze	Prüfparameter	
	Prüfgeschwindigkeit v:	20 mm/min
	Kraftabschaltschwelle F_{AS}:	30 N
	Stempelradius r:	0,2 mm
	Rollendurchmesser D:	30 mm
	Rollenabstand L	4 mm
	Probendicke a:	2 mm
	Probenbreite b:	30 mm
	Kenngrößen:	
	Stempelweg S	
	Biegewinkel α	

Bild 5-3:   Plättchen-Biegeversuch für metallische Werkstoffe nach VDA 238-100 und gewählte Prüfparameter (Bildquelle: [VDA238])

5.2   Versuchsmethodik – Crash

5.2.1   Hochgeschwindigkeitszugversuch

Die Dehnratenabhängigkeit der mechanischen Eigenschaften ($R_{p0,2}$, R_m, A) wurde im Hochgeschwindigkeitszugversuch – auch Schnellzerreißversuch genannt – in Anlehnung an die Normen DIN EN ISO 26203-2:2011 [DIN26203] und DIN EN ISO 6892-1:2020 [DIN6892] sowie FAT 211 [BÖH07] ermittelt. Der Versuchsaufbau ist schematisch in Bild 5-4 skizziert. Die verwendeten Flachzugproben (70 x 20 x 2,5 mm) wurden in Endkontur gedruckt, wobei die Oberfläche nicht nachbearbeitet wurde (druckrau). Nur der verschlankte Prüfbereich und die Bohrungen zur Probenaufnahme wurden spanend nachbearbeitet. Die analysierten nominellen Dehnraten betrugen $\dot{\varepsilon} = 4{,}7 \cdot 10^{-3}$ / 1 / 10 / 100 und 250 s^{-1}, was bei der höchsten Rate und Anfangsmesslänge von $L_0 = 10$ mm einer Abzugsgeschwindigkeit von $v_P = 3500$ mm/s entspricht. Für jede Prüfserie wurden vier gültige Versuche ausgewertet. Die Versuche wurden bei Raumtemperatur an einer servohydraulischen Schnellzerreißmaschine vom Typ SZM 500 (ZWICKROELL GMBH & CO. KG, ULM, GER) mit einer globalen Kraftmessung (Piezokraftsensor) sowie einer zusätzlichen quasilokalen, schwingungsreduzierten Kraftmesszelle durchgeführt [BÖH07]. Das lokale Deformationsverhalten wurde dabei optisch durch eine Hochgeschwindigkeitskamera in monoskopischer Anordnung aufgezeichnet.

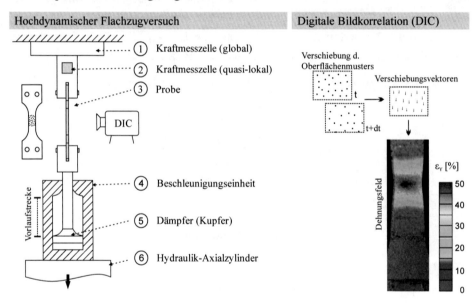

Bild 5-4:   Versuchsaufbau und Messeinrichtung des quasistatischen und dynamischen Flachzug-
             versuchs [eigene Illustration und Aufnahme]

Mittels digitaler Bildkorrelation wurden anschließend ortsaufgelöste Verschiebungen analysiert und es wurde die lokale wahre Dehnungsverteilung bis zum Bruch bestimmt. Mit Zunahme der Dehnrate ergaben sich stärkere oszillierende Schwankungen im Kraftsignal durch dynamische Effekte, die vornehmlich auf die Anregung der Eigenschwingformen des Prüfsystems infolge der zunehmend impulsartigen Belastung zurückzuführen sind. Durch diese Oszillationen im Kraftsignal wurde die Elastizitätsmodulbestimmung nach Norm erschwert. Folglich musste auf ein manuelles Tangentenbestimmungsverfahren, das eine anwenderabhängige Genauigkeit aufweist, zurückgegriffen werden. Im Allgemeinen wird die Ermittlung der dynamischen Kennwerte in dieser Arbeit aber als hinreichend genau betrachtet, da die Gültigkeitskriterien nach FAT 211 [BÖH07] eingehalten wurden.

5.2.2 Quasistatischer Stauchversuch

Zur Analyse des grundlegenden Deformations- und Faltungsverhaltens (vgl. Unterkapitel 4.2.3) wurden quasistatische Stauchversuche an Rohrprofilen mit einer elektromechanischen Universalprüfmaschine vom Typ Z1200 (FA. ZWICKROELL GMBH & CO. KG, ULM, GER) durchgeführt. Der Grundaufbau bestand aus einer translatorisch verfahrbaren Traverse mit ebener Druckplatte, die über vier Führungssäulen mit einem Lastrahmen verbunden ist. Auf dem Lastrahmen war eine stationäre, ebene Druckplatte installiert, auf der die Probe mittig platziert wurde (vgl. Bild 5-5). Im Versuch wurden die Rohrprofile (Ø60 x 2 x 120 mm) mit einer kontinuierlichen Verfahrgeschwindigkeit von $v_P = 200$ mm/min über einen Stauchweg von $s_{max} = 70$ mm auf eine Endlänge von $L_1 = 50$ mm gestaucht.

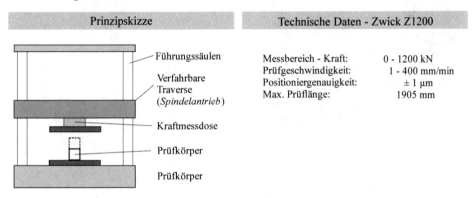

Bild 5-5:   Schematische Darstellung des quasistatischen Stauchversuchs und technische Daten der Universalprüfmaschine Zwick Z1200 [eigene Illustration]

5.2.3 Hochdynamischer Stauchversuch

Die dynamischen Stauchversuche wurden an einem vertikalen Fallturm der Mercedes-Benz AG durchgeführt, der zur Prüfung von Fahrzeugeinzelkomponenten und Teilaufbauten konzipiert ist. Der Aufbau des Turms besteht im Wesentlichen aus einem an vertikalen Führungsschienen gleitenden Fallrahmen, der mit einem wählbaren Zusatzgewicht in beliebiger Höhe ausgeklinkt werden kann (vgl. Bild 5-6). Unterschiedliche Lastfälle, wie axiale Stauchung, 3- bzw. 4-Punkt-Biegung oder Torsion, können über verschiedene Impaktorgeometrien am Fallrahmen und mittels entsprechender Anordnung der Bauteile auf der Bodenplattform nachgestellt werden. Die Aufnahme des Kraftverlaufs erfolgt über piezoelektrische Kraftmessdosen unter der Bodenplatte, die Wegmessung über magnetoresistive Sensoren und die Bestimmung der tatsächlichen Aufprallgeschwindigkeit über zwei Lichtschranken. Zur Aufnahme hochdynamischer Crashvorgänge stehen digitale Hochgeschwindigkeitskameras (max. 100.000 Bilder pro Sekunde) zur Verfügung. Die gesamte Prüfanlage befindet sich auf einem 30 Tonnen Betonfundament, das auf einem System aus Visco-Dämpfern und Stahlfedern gelagert ist, um die durch den schlagartigen Aufprall angeregten Schwingungen zu dämpfen.

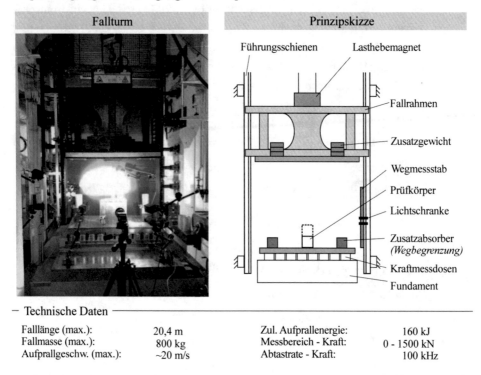

Fallturm	Prinzipskizze

Führungsschienen   Lasthebemagnet

Fallrahmen

Zusatzgewicht

Wegmessstab
Prüfkörper
Lichtschranke
Zusatzabsorber
(Wegbegrenzung)
Kraftmessdosen
Fundament

– Technische Daten

Falllänge (max.):	20,4 m	Zul. Aufprallenergie:	160 kJ
Fallmasse (max.):	800 kg	Messbereich - Kraft:	0 - 1500 kN
Aufprallgeschw. (max.):	~20 m/s	Abtastrate - Kraft:	100 kHz

Bild 5-6: Realer Prüfaufbau und Prinzipskizze des hochdynamischen Stauchversuchs sowie technische Eckdaten zum verwendeten Fallturm [eigene Aufnahme und Illustration]

Die axialen Stauchversuche dieser Arbeit erfolgten zwischen ebenen Druckplatten an Fallrahmen und Messplattform. Zum Schutz der Messeinrichtungen wurde der maximale Stauchweg auf $s_{max} = 70$ mm durch zusätzliche Absorber (Strangpress-Rohrprofile aus Aluminium) begrenzt. Als Testkörper wurden analog zu den quasistatischen Versuchen Rohrprofile mit den Abmessungen Ø60 x 2 x 120 mm verwendet. Zur weiteren Glättung der Kraft-Weg-Signale wurde ein Savitzky-Golay-Filter 2. Ordnung (50 Stützstellen) verwendet.

5.3 Versuchsmethodik – Korrosion

Aufgrund der vielfältigen Erscheinungsformen von Korrosion sind zur Charakterisierung der Werkstoffbeständigkeit und zur Differenzierung der vorliegenden Korrosionsmechanismen unterschiedliche Test- und Bestimmungsverfahren notwendig. Die in dieser Arbeit gewählten Methoden sind an bewährte Vorgehensweisen der automobilen Großserienentwicklung angelehnt und zu Gunsten der Vergleichbarkeit und Akzeptanz zumeist genormt. Gleichzeitig gilt es zu beachten, dass mit den diversen zur Verfügung stehenden Prüfverfahren unterschiedliche Betrachtungsbereiche und Fragestellungen abgedeckt werden können, wobei diese jedoch immer mit spezifischen Idealisierungen und Einschränkungen behaftet sind. Beispielsweise wird mit den Klimawechseltests nach ISO 11997-1 und VDA233-102 über eine zyklische Variation von Temperatur, relativer Luftfeuchtigkeit und Salzsprühnebelphasen versucht, praxisnahe Beaufschlagungsbedingungen bei atmosphärischer Korrosion und der Einfluss von Enteiser-Salzlösungen im winterlichen Fahrbetrieb nachzubilden [BRE12]. Diese zeitraffenden Laborversuche zur Simulation von Anwendungsbedingungen können vergleichende Einschätzungen zur Beständigkeit von Werkstoffen und Beschichtungen liefern, um zeit- und kostenintensive Prüfumfänge in der Felderprobung reduzieren zu können.

Tabelle 5-2 gibt einen Überblick über die gewählten Prüfverfahren zur Betrachtung des Grundmetalls und der Schutzbeschichtung sowie den jeweiligen normativen Verweis.

Tabelle 5-2: Übersicht der ausgewählten Korrosionsprüfungen an Grundmetall und Beschichtung

	Prüfung	Norm
Substrat (Grundmetall)	Klimawechselprüfung	DIN EN ISO 11997-1 Zyklus B
	Klimawechselprüfung	VDA 233-102
	Interkristalline Korrosion	ASTM G110
	Spannungsrisskorrosion	DIN EN ISO 7539
	Elektrochemische Untersuchung (Potentiodynamische Messung)	DIN 50918
Beschichtung	Klimawechselprüfung	VDA 233-102

5.3.1 Elektrochemische Untersuchung

Das freie Korrosionspotential und das lineare Polarisationsverhalten wurden in Anlehnung an DIN 50198 bestimmt. Die jeweils belüfteten elektrochemischen Zellen befanden sich während der Untersuchung in einer 3,5-%-NaCl-Lösung bei pH 7. Zur Messung der

Strom-Dichte-Potentialkurve wurde eine Drei-Elektroden-Anordnung gewählt (vgl. Bild 5-7).

Prinzipskizze		Prüfparameter

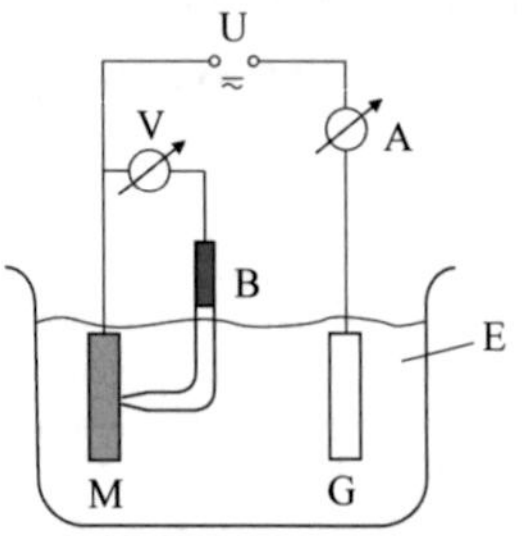

A	Amperemeter	
B	Bezugselektrode	Ag/AgCl mit Haber-Luggin-Kapillare korrigiert zu Standard-Wasserstoff (SHE)
E	Elektrolyt	3,5% NaCl-Lösung, luftgespült, pH7
G	Gegenelektrode	Platin
M	Messelektrode	Aluminium-Prüfkörper
U	Spannungsquelle	
V	Voltmeter	
	Potentiostat	Fa. IPS, PGU-MOD, ±10 V, ± 200 mA
	Prüfgeschw.	0,05 mV/s
	Temperatur	RT (23 ± 2 °C)

Bild 5-7:   Schematische Darstellung einer Drei-Elektroden-Anordnung zur Aufnahme von Stromdichte-Potential-Kurven (Illustration gemäß [DIN50918])

Dabei wird am Potentiostat die Probe als Mess-/Arbeitselektrode (M) geschaltet, die Gegenelektrode (G) besteht aus Platin und als Referenz-/Bezugselektrode (B) dient eine Ag/AgCl-Elektrode. Im Versuch wurde zuerst das Ruhepotential (Open Curcuit Potential, OCP) über eine Zeit von 30 min gemessen und der Endwert bestimmt. Darauf basierend wurde die lineare Polarisation bei -100 mV relativ zum Ruhepotential gestartet. Mit einer Vorschubgeschwindigkeit von 0,05 mV/s wurde bis zu einer Stromdichte von 4 mA/cm² oder max. 2000 mV die Stromdichte-Potential-Kurve aufgenommen. Alle Angaben erfolgen bezogen auf Standardwasserstoff (Standard Hydrogen Electrode, SHE).

5.3.2   Klimawechselprüfungen

Klimawechselprüfung nach DIN EN ISO 11997-1

Durch die Klimawechselprüfung nach DIN EN ISO 11997-1 Zyklus B [DIN11997], der auf VDA 621-415 basiert, kann die Korrosionsbeständigkeit von Grundwerkstoffen und Beschichtungssystemen unter zyklischer Belastung bewertet werden. Durch dieses Verfahren, bestehend aus Salzsprühnebel-, Trocken- und Feuchtephasen, sollen aggressive Einsatzbedingungen simuliert werden, wie sie sich z. B. in Küstenregionen ergeben können. Im Automobilbau ist die Korrelation zur realen Freibewitterung durch die hohe NaCl-Konzentration von 5 % und fehlende Tieftemperaturphasen (Winterfahrbetrieb) umstritten. Dennoch stellt der Test durch die mögliche Zeitraffung im Vergleich zur Freibewitterung (meist größer als ein Jahr) einen gängigen und weitverbreiteten Industriestandard dar. Im Automobilbau wird die Prüfung für Aluminium vorrangig zur vergleichenden

Bewertung unterschiedlicher Grundwerkstoffe und -zustände verwendet. In Europa ist der siebentägige Zyklus B weit verbreitet.

In einer Klimawechselkammer wird zu Beginn für 24 h eine 5-%-ige Natriumchloridlösung (pH 6,5 – 7,2) bei einer Kammertemperatur von 35 °C in indirekter Anordnung zu den Proben vernebelt. An den örtlich voneinander abgetrennten Prüfblechen kann der Nebel zu einem korrosiv wirkenden Film niederschlagen. Durch eine 70°-Neigung zur Horizontalen ist ein Ablauf der Prüflösung möglich, wodurch eine lokale Ansammlung vermieden wird. An die Nebelphase schließt sich eine 144 h dauernde Variation der Temperatur und relativen Luftfeuchtigkeit gemäß Bild 5-8 an. In dieser Arbeit wurden zehn direkt aufeinanderfolgende Zyklen gewählt, wodurch sich eine Gesamtexpositionszeit von 1680 h (zehn Wochen) ergab. Ausgewertet wurde die durchschnittliche maximale Korrosionstiefe durch eine metallographische Zielpräparation in XY- und XZ-Ebene mit einer vierfachen Bestimmung je Prüfblech.

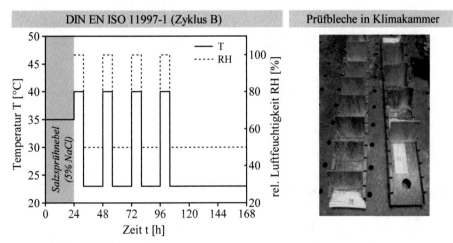

Bild 5-8: Prüfzyklus B nach DIN EN ISO 11997-1 (links) und Beispielansicht der Prüfanordnung in einer Klimakammer (rechts) [eigene Aufnahme]

Klimawechselprüfung nach VDA 233-102

Die Klimawechselprüfung nach VDA 233-102 [VDA233] ist eine speziell für den Automobilbau genormte Prüfung und eignet sich für Stahl und Aluminium sowie insbesondere auch für Multi-Metall-Verbindungen. Es können sowohl das unbeschichtete Grundmetall als auch die Beschichtungssysteme mit definierter Schichtungsverletzung untersucht werden. Abgrenzend von ISO 11997-1 schließt dieser Test praxisnahe Wirkfaktoren wie den Tieftemperaturbereich, eine hohe Feuchte ohne Kondensation sowie eine Salzbelastung mit kürzeren Phasen und eine praxisgerechte Salzkonzentration ein [OND16].

In einer vergleichbaren Versuchsanordnung wird eine 1-%-ige Natriumchloridlösung mit wechselnden Tageszyklen (Variation von Temperatur und rel. Luftfeuchtigkeit) verwendet. Ein vollständiger Prüfzyklus dauert sieben Tage, die Gesamtprüfzeit wird auf zwölf Zyklen (zwölf Wochen) festgelegt. In Bild 5-9 sind die Tageszyklenfolge sowie die jeweilige Zyklenspezifikation dargestellt. In dieser Arbeit wurde, analog zu ISO 11997-1, die durchschnittliche maximale Korrosionstiefe mittels metallographischer Zielpräparation ausgewertet.

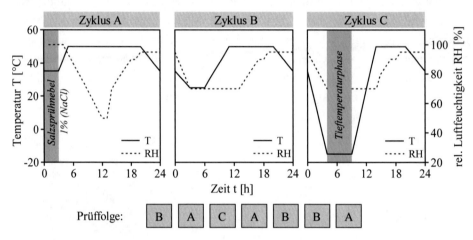

Bild 5-9:   Tageszyklen A, B und C sowie Prüffolge innerhalb eines Wochenzyklus nach VDA 233-102

5.3.3   Interkristalline Korrosion

Die Bestimmung der Anfälligkeit gegenüber interkristalliner Korrosion wurde in Anlehnung an die ASTM-Richtlinie G110 [AST15] durchgeführt, die vorwiegend für aushärtbare Aluminiumlegierungen konzipiert ist. Im ersten Schritt wurden die vorkonditionierten Proben in einer flusssauren Salpeterlösung ($H_2O + HNO_3 + HF$) gebeizt und mit Wasser nachgespült. In der Haupttestphase wurden sie anschließend für 6 h in einer auf 30 °C temperierten Natriumchlorid-Wasserstoffperoxid-Testlösung ($NaCl + H_2O_2 + H_2O$) ausgelagert. Nach dieser Immersionszeit wurden sie wiederum mit Wasser gespült und getrocknet. In der Auswertung wurde ebenfalls die durchschnittliche maximale Korrosionstiefe mittels metallographischer Zielpräparation quantifiziert und visuell die vorliegende Korrosionserscheinungsform bestimmt.

5.3.4 Spannungsrisskorrosion

Die Anfälligkeit gegenüber Spannungsrisskorrosion (SpRK) wurde in Anlehnung an DIN 7539-2:2013 [DIN7539] geprüft, wobei Rundzugproben einer einachsigen Zugbelastung kombiniert mit einer korrosiven Wechselbelastung nach DIN 50905 Teil 4 [DIN50905] ausgesetzt wurden.

Vor der SpRK-Prüfung sind durch zusätzliche Prüfkörper die mechanischen Kennwerte (R_m, $R_{p0,2}$, A) der betrachteten Wärmebehandlungszustände mittels uniaxialer Zugprüfung bis zum Bruch ermittelt worden. Im Rahmen der SpRK-Prüfung wurden die Rundzugproben über einen Zugspindelmechanismus mit Kraftmesszelle auf ein Spannungsniveau von 75 % $R_{p0,2}$ belastet (vgl. Bild 5-10). Durch Nachregelung bei Relaxation wurde dieses Niveau über den gesamten Versuchszeitraum von 30 Tagen konstant gehalten.

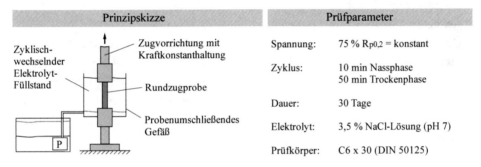

Prinzipskizze		Prüfparameter	
Zyklisch-wechselnder Elektrolyt-Füllstand	Zugvorrichtung mit Kraftkonstanthaltung	Spannung:	75 % $R_{p0,2}$ = konstant
	Rundzugprobe	Zyklus:	10 min Nassphase 50 min Trockenphase
	Probenumschließendes Gefäß	Dauer:	30 Tage
		Elektrolyt:	3,5 % NaCl-Lösung (pH 7)
		Prüfkörper:	C6 x 30 (DIN 50125)

Bild 5-10: Schematische Darstellung des Prüfaufbaus zur Spannungsrisskorrosionsprüfung und verwendete Prüfparameter [eigene Illustration]

Die korrosive Wechselbelastung bestand aus einer zehnminütigen Nassphase mit einer 3,5-%-igen NaCl-Lösung (Umspülung der freien Prüflänge), gefolgt von einer 50-minütigen Trockenphase repetierend über die gesamte Prüfdauer. Bei einem Bruch innerhalb der Prüfzeit ist die Versagensursache metallographisch zu bestimmen. Bei Durchläufern wird zusätzlich die Veränderung der mechanischen Kennwerte über konsekutive Zugversuche bewertet.

5.3.5 Konditionierung der Prüfkörper

<u>Grundmetall</u>

Zur Untersuchung des allgemeinen Korrosionsverhaltens beider Legierungen wird nach Tabelle 5-2 vorwiegend das unbeschichtete Substrat (Grundmetall) betrachtet. Zu Gunsten eines seriennahen Prüfzustands wurden über Konditionierungsschritte sowohl die Produktionsfolge als auch Einflüsse durch den Produktlebenszyklus simuliert.

1) Reinigungsstrahlen

Nach dem additiven Prozess wurden alle Proben mit Edelkorund (100 – 200 μm Korngröße/5 bar) zur Entfernung von Pulveranhaftungen gestrahlt.

2) Kurz-/Langzeittemperung

Um den Wärmeeinfluss des Schichtaufbaus der Lackierung zu simulieren, wurden alle Proben der Grundmetalluntersuchung einer Kurzzeit-Temperung unterzogen. Der verwendete singuläre Temperschritt von 195 °C für 20 min mit anschließender Abkühlung bei Raumtemperatur entspricht nicht den einzelnen Ofentemperaturen des Schichtaufbaus, sondern sollte die mittlere Temperaturbelastung unabhängig von der Einbauposition innerhalb der Karosserie repräsentieren. Im Klimawechseltest nach ISO 11997-1 wurde zusätzlich ein Langzeit-Temperungsschritt (LT) von 130 °C für 500 h angewandt, der den Alterungsprozess der Automobilkarosserie über den Produktlebenszyklus repräsentieren soll.

3) Reinigung/Oberflächenvorbehandlung

Zur Entfettung und Passivierung fand vor den Prüfungen am Grundmetall eine Reinigung mit Silikatauflage statt. Dabei handelte es sich um einen natriummetasilicathaltigen, alkalischen Reiniger mit einer Schichtauflage von 2 – 7 mg/m² [BRO12], der einen bis zu dreimonatigen Lagerschutz (Korrosionsschutz) und eine Verbesserung der Adhäsion für Klebeprozesse bietet (Handelsname: GARDOCLEAN 299, FA. CHEMETALL GMBH, FRANKFURT AM MAIN).

Beschichtung

Kataphoretische Tauchlackierung (KTL) – Der korrosionsschutzbedingte Schichtaufbau besteht üblicherweise aus der Prozessabfolge *Reinigung und Entfettung, Aufbringung einer Konversionsschicht (Phosphatierung)* und *kataphoretische Tauchlackierung* [GOL14]. Zu Gunsten einer seriennahen Betrachtung wurden die Prüfbleche in die Großserien-Rohkarosserieproduktion des Mercedes-Benz-Werks Sindelfingen eingeschleust und nach der KTL-Beschichtung wieder entnommen. Auf den anschließenden dekorativen Lackaufbau wurde verzichtet. Der Verfahrensablauf und typische Beschichtungssysteme sind in BREINING [BRE12] und GOLDMANN ET AL [GOL14] zu finden. Die Bleche wurden vor der Prüfung nach VDA 233-102 mit einer definierten Schichtverletzung gemäß DIN EN ISO 4623-2 [DIN4623] versehen.

6 Werkstoffcharakterisierung und Gefügemorphologie

Nach dem Stand des Wissens ist das Eigenschaftsportfolio von LPBF-Aluminiumlegierungen im Fertigungszustand von hohen Festigkeiten bei geringem Verformungsvermögen geprägt und folglich für automobile Strukturkomponenten nur bedingt geeignet. Sowohl bei konventionellen als auch bei den additiven Herstellungsverfahren bietet die thermische Nachbehandlung eine kostengünstige Möglichkeit, die Eigenschaften anforderungsspezifisch anzupassen. Den Teilzielen der Arbeit folgend werden zunächst Kenntnisse über die Anpassungsfähigkeit der betrachteten Legierungen AlSi10Mg und AlSi3,5Mg2,5 auf das karosseriespezifische Anforderungsprofil erarbeitet, wodurch anschließend eine Bewertung des Substitutionspotentials serienüblicher Herstellungstechniken ermöglicht wird. Weiterführend erfolgt eine skalenübergreifende Gefügeanalyse, wodurch ein umfangreiches Verständnis über die zugrundeliegenden Struktur-Eigenschafts-Beziehungen und Wechselwirkungen auf das makroskopische Verformungs- und Versagensverhalten gewonnen werden kann.

6.1 Quasistatische mechanische Kennwerte im Fertigungszustand

Die ermittelten statisch-mechanischen Kennwerte der beiden Legierungen im Fertigungszustand (as-built) sind in Abhängigkeit von den Maschinenkonfigurationen in Tabelle 6-1 sowie Bild 6-3 (AlSi10Mg) und Bild 6-5 (AlSi3,5Mg2,5) dargestellt. Für AlSi10Mg kann im Fertigungszustand (druckrau) eine durchschnittliche Zugfestigkeit von 429 MPa erzielt werden, was 22 MPa höher liegt als bei AlSi3,5Mg2,5 in der Maschinenkonfiguration MK-2A. Gleichfalls sind die Dehngrenze mit 238 MPa um 33 MPa und die Bruchdehnung mit 5,1 % um $\Delta 3\,\%$ (absolut) geringer. Ein höheres Verformungsvermögen von AlSi3,5Mg2,5 wird durch einen um 10,1° höheren Biegewinkel bestätigt.

Anhand des Vergleichs der Oberflächenzustände – gestrahlt (druckrau) und spanend nachbearbeitet (gedreht) – wird deutlich, dass die Oberfläche einen maßgeblichen Einfluss auf das Verformungs- und Bruchinitiierungsverhalten hat. Die Kennwerte der nachbearbeiteten Proben liegen ausnahmslos über den Werten der endkonturnahen. Beispielsweise ergibt sich bei AlSi3,5Mg2,5 neben der Erhöhung von Zugfestigkeit und Dehngrenze ($\Delta R_\mathrm{m} = 34$ MPa/ $\Delta R_\mathrm{p0,2} = 7$ MPa) vor allem eine Steigerung der Bruchdehnung ($\Delta A = 5,5\,\%$). Folglich begünstigt die geringe Rauheit nach spanender Bearbeitung eine gleichförmigere Querschnittsabnahme und mindert die Rissneigung. Diese Neigung ergibt sich im druckrauen Zustand maßgeblich durch die höhere Rauheit aus dem schichtweisen Aufbau und der häufig vorhandenen Randporosität (vgl. Bild 6-7).

Tabelle 6-1:   Statisch-mechanische Kennwerte (Mittelwert und Standardabweichung) der Legierungen im Fertigungszustand in Abhängigkeit von Maschinenkonfiguration, Orientierung und Oberflächenzustand

Legierung		AlSi10Mg (MK-1)		AlSi3,5Mg2,5 (MK-2A)		AlSi3,5Mg2,5 (MK-2B)
		as-built (F)		as-built (F)		as-built (F)
Orientierung[1] (*Polarwinkel*)		vertikal (0°)		vertikal (0°)		vertikal (0°)
Oberfläche		druckrau	gedreht	druckrau	gedreht	gedreht
R_a/R_z	[µm]	4,7 / 29,1	-	7,5 / 37,8	1,1 / 5,8	-
R_m	[MPa]	429 ± 13	455 ± 3	407 ± 2	441 ± 1	501 ± 1
$R_{p0,2}$	[MPa]	238 ± 4	242 ± 5	271 ± 3	278 ± 2	406 ± 3
A	[%]	5,1 ± 0,9	6,5 ± 1,1	8,1 ± 0,7	13,6 ± 1,0	8,6 ± 0,1
α	[°]	16,7 ± 1,2	-	26,8 ± 0,7	-	-

Im Vergleich der Maschinenkonfigurationen MK-2A und MK-2B innerhalb der Legierung AlSi3,5Mg2,5 steigt die Zugfestigkeit nochmals um 60 MPa auf 501 MPa und die Dehngrenze um beträchtliche 128 MPa (+46 %) auf 406 MPa. Die Bruchdehnung fällt dabei auf ein Niveau von 8,6 % ab (Δ 5 % absolut). Neben den Unterschieden durch typische Prozesseinflüsse und Maschinenkonfigurationen (vgl. [SKR10, BUC13, MEI18]) ist anzumerken, dass sich die Legierung AlSi3,5Mg2,5 zum Zeitpunkt der Erstellung dieser Arbeit noch in einem Forschungsstadium befand, was mit einem Entwicklungsprozess der Prozessparameter einhergeht (die Prozessparameteranalyse liegt außerhalb des Fokus dieser Arbeit). Neben einer höheren Dichte (vgl. Unterkapitel 6.4) sprechen der Anstieg in der Festigkeit und die reduzierte Duktilität für einen höheren Aushärtungsgrad während des Fertigungsprozesses, d. h. es findet eine In-situ-Wärmebehandlung statt (vgl. Unterkapitel 6.2). Eine Richtungsabhängigkeit (Anisotropie) der mechanischen Kennwerte im Fertigungszustand, bedingt durch eine bevorzugte Kornorientierung in Richtung des größten Temperaturgradienten (in Aufbaurichtung bzw. <001>, vgl. Unterkapitel 6.4), ist prozessinhärent und damit weitgehend unabhängig von den verwendeten

---

[1]   Zur Angabe der Orientierung der Proben im Bauraum wird die Notation gemäß VDI 3405 [VDI3405a] verwendet.

Verfahrensparametern vorzufinden [BUC13]. Der Ausprägungsgrad dieser Textur und damit der Einfluss auf die mechanischen Kennwerte sind von den Erstarrungsbedingungen abhängig. In der Literatur ist eine Vielzahl von richtungsabhängigen Kennwerten angegeben (vgl. Appendix A.1). Im Allgemeinen sind die Zugfestigkeit, die Dehngrenze und die Bruchdehnung bei vertikal gefertigten Proben (0°) mit einer Schichtorientierung senkrecht zur Belastungsrichtung geringer als bei horizontaler Ausrichtung (90°). Eine Übersicht über die zugrundeliegenden Ursachen, Mechanismen sowie deren Einfluss auf die statischen Kennwerte ist in BUCHBINDER [BUC13] dargestellt.

Beispielhaft konnte diese Tendenz mit horizontal gefertigten Materialproben aus AlSi10Mg (90°/spanend nachbearbeitet) im Vergleich zur vertikalen Ausrichtung (vgl. Tabelle 6-1, Spalte 2) bestätigt werden. Mit $R_m = 470$ MPa (+3,3 %), $R_{p0,2} = 265$ MPa (+9,5 %) und A = 8,9 % (+36,9 % relativ) steigen alle Kennwerte an. Folglich wurden in dieser Arbeit vorwiegend vertikal gefertigte Proben betrachtet, was in Bezug auf die mechanischen Eigenschaften den kritischeren Fall darstellt. Eine weitere Quantifizierung der Richtungsabhängigkeit für beide Werkstoffe nach Wärmebehandlung wird in Tabelle 7-1 gegeben.

6.2 Thermo-physikalische Eigenschaften

Kenntnisse über die legierungsspezifische Phasenumwandlungs- und Ausscheidungskinetik in Verbindung mit dem von der Herstellungsart abhängigen Werkstoffausgangszustand bilden die Grundlage zur Erforschung geeigneter Wärmebehandlungsstrategien. Charakteristische Umwandlungstemperaturen sind für AlSi10Mg aus der Literatur umfassend bekannt (vgl. Unterkapitel 4.1.4).

Für AlSi3,5Mg2,5 sind die DSC-Kurven von Neupulver in Bild 6-1 und von Materialproben im Fertigungszustand (MK-2B) in Bild 6-2 dargestellt. Bei der Pulveranalyse wird die erste exotherme Reaktion mit einem lokalen Minimum bei $T \approx 251$ °C (Peak A) der Ausscheidung von β'' und β' zugeordnet, was vergleichbar bei AlSi10Mg vorzufinden ist. Peak A tritt beim zweiten Aufheizzyklus nicht mehr auf, wodurch die Umwandlungsfolge nach langsamer Abkühlung (20 K/min) mit der Bildung der stabilen Gleichgewichtsphasen abgeschlossen ist.

Bei weiterer Erwärmung beginnen die endotherme Auflösungsreaktion der vorhandenen Ausscheidungsspezies (vgl. Bild 4-3) und die Einlagerung im Aluminiummischkristall. Im Temperaturbereich von $\approx 375 - 425$ °C ist ein geringer Peak (B) zu verzeichnen, der u. a. mit der Interdiffusion von Silizium und eingeschränkt Mg (vgl. Unterkapitel 4.1.2) sowie der einsetzenden Auflösung der Mg_2Si-Phase in Verbindung gebracht wird [DOA00, ROW18]. Dieser endotherme Vorgang kontinuiert bis zur ersten Schmelzumwandlung mit Peak C ($T_C = 557,6$ °C), was mit der berechneten Solidustemperatur von

$T_{Solidus} = 557{,}1\ °C$ korreliert (vgl. Bild 4-3). Peak D repräsentiert die nächsthöhere Umwandlungsgrenze und weist mit $T_D = 578{,}0\ °C$ wiederum eine Abweichung von < 1 °C zum berechneten Wert auf ($T_{D\text{-}Isopleth} = 575{,}8\ °C$). Weitere höhere Schmelzpeaks bis zur Liquidustemperatur konnten aufgrund einer Temperaturbegrenzung des Messgeräts nicht analysiert werden.

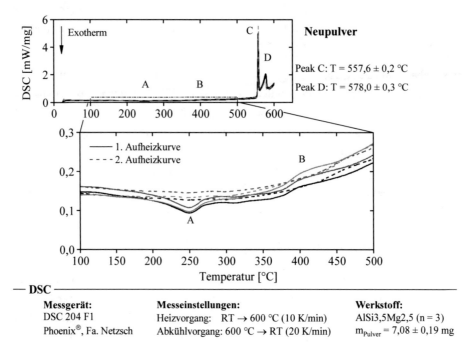

Bild 6-1:   DSC-Kurven von Neupulver der Legierung AlSi3,5Mg2,5

Bei den DSC-Kurven der Proben im Fertigungszustand sind im Vergleich zum Neupulver eine geringere Ausprägung und eine Aufweitung der Peaks A und B in Richtung niedrigerer Temperaturen ersichtlich. Diese Veränderungen weisen auf eine für LPBF-gefertigtes Material geringe Übersättigung des Mischkristalls und eine teilweise erfolgte In-situ-Auslagerungsreaktion mit diversen Ausscheidungskonstitutionen aufgrund der Temperaturhistorie im Aufbauprozess hin. Durch die TEM-Ergebnisse (Unterkapitel 6.4), die geringe Differenz der mechanischen Kennwerte zwischen Fertigungszustand und nach Auslagerung (vgl. Bild 6-5) und die DSC-Analysen in KNOOP [KNO20] wird diese Annahme bestätigt. Ein zweiter exothermer Peak, charakteristisch bei LPBF–AlSi10Mg im Fertigungszustand (vgl. Unterkapitel 4.1.4), ist nicht feststellbar. Ursächlich hierfür können sowohl die veränderten Legierungsgehalte mit einem erhöhten Mg-Si-Anteil als auch die Aufheizgeschwindigkeit der DSC-Analyse sein [ROW18]. Während der zweiten Aufheizzyklen sind wiederum keine deutlichen Peaks mehr vorhanden.

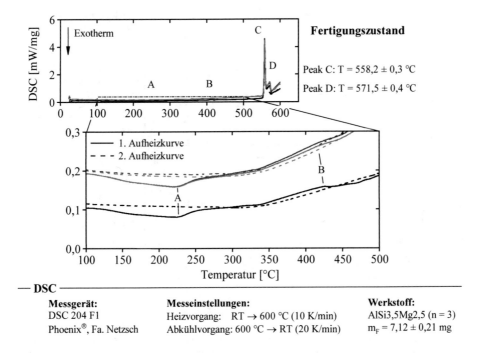

DSC

Messgerät:	**Messeinstellungen:**	**Werkstoff:**
DSC 204 F1	Heizvorgang: RT → 600 °C (10 K/min)	AlSi3,5Mg2,5 (n = 3)
Phoenix®, Fa. Netzsch	Abkühlvorgang: 600 °C → RT (20 K/min)	m_F = 7,12 ± 0,21 mg

<u>Bild 6-2</u>:   DSC-Kurven von Proben im Fertigungszustand (MK-2B) der Legierung AlSi3,5Mg2,5

In Bezug auf mögliche Wärmebehandlungsstrategien wird eine weitere Festigkeitssteigerung durch Warmauslagerung im Temperaturbereich von 150 – 225 °C mit der Ausscheidungsfolge ß''-ß'-ß erwartet (Festigkeitssteigerung durch Ausscheidungshärtung). Für ein
duktilitätsorientiertes Anforderungsprofil ist je nach benötigter Restfestigkeit ein Spannungsarmglühen im Temperaturbereich von ≈ 200 – 300 °C oder ein Weichglühen bei
T ≈ 350 – 450 °C möglich.

6.3   Einfluss unterschiedlicher Wärmebehandlungen

<u>Wärmebehandlung – AlSi10Mg</u>

Auf Basis der Erkenntnisse in Unterkapitel 2.4 und Unterkapitel 4.1.4 zu den Eigen-
schaftsprofilen bei unterschiedlichen Wärmebehandlungsstrategien wurde die T6-Vari-
ante unterschiedlich modifiziert (T6-Modifikationen) und es wurden einstufige Wärmebehandlungen bei einer reduzierten Temperatur von 300 – 400 °C untersucht. Die applizierten Temperaturen und Haltezeiten sind in Appendix A.2 ersichtlich. Die T6-Modifi-
kationen zielen auf eine Kombination aus Festigkeit und Duktilität (hohe Zähigkeit), die
einstufigen Varianten auf eine möglichst hohe Duktilität (hohes Verformungsvermögen).
Im Speziellen wird aufgrund unzureichender veröffentlichter Datenlage das

Umformvermögen über den Plättchen-Biegeversuch nach VDA 238-100 analysiert. Die Ergebnisse der betrachteten Wärmebehandlungsvarianten sind in Bild 6-3 dargestellt.

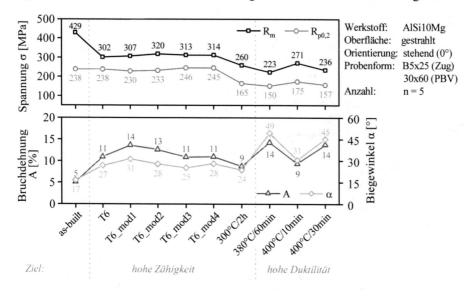

<u>Bild 6-3</u>:   Auswirkungen der unterschiedlichen Wärmebehandlungsvarianten auf die quasistati-
              schen mechanischen Kennwerte von AlSi10Mg. Dargestellt sind Mittelwerte (n = 5)
              ohne Standardabweichung (durch geringe Absolutwerte nicht ersichtlich)

Ausgehend von der höchsten Zugfestigkeit im Fertigungszustand fällt diese bei den T6-Modifikationen auf ein Niveau von $R_{m(T6)} \approx 300 - 320$ MPa ab. Bemerkenswert sind die geringen Unterschiede der Dehngrenze zwischen dem Fertigungszustand mit $R_{p0,2(F)} \approx 238$ MPa und den T6-Modifikationen mit $R_{p0,2(T6)} \approx 230 - 246$ MPa. Anhand der Ergebnisse innerhalb der T6-Modifikationen wird offensichtlich, dass bei vergleichbaren mechanischen Eigenschaften eine Reduzierung der Glüh- und Auslagerungszeit möglich ist. Wird der Fokus auf eine Kombination aus Festigkeit und gleichzeitiger Duktilität gelegt (T6_mod1 und T6_mod2), kann die Glühzeit von den im Guss üblichen 3 – 6 h auf 30 bzw. 10 min sowie die Auslagerungszeit auf 90 bzw. 180 min (Guss: 6 – 8 h) reduziert werden. Die Anforderungen aller Kokillenguss-Ausführungsvarianten können dadurch abgedeckt werden (vgl. Tabelle 2-1). Die notwendigen Festigkeiten von hochfesten Schmiedeteilen (AV-ST.10) sind mit AlSi10Mg indes nicht erzielbar. Für crashbelastete Schmiedeteile (AV-ST.20) sind R_m, $R_{p0,2}$ und A erreichbar, der erforderliche Biegewinkel von $\alpha \geq 70°$ kann hingegen nicht erzielt werden.

Bei den duktilitätsorientierten Varianten zeigen sich bereits nach 10 min bei 400 °C ein deutlicher Festigkeitsabfall von $\Delta R_m \approx -158$ MPa ($\Delta R_{p0,2} \approx -63$ MPa) sowie ein Anstieg von Bruchdehnung und Biegewinkel ($\Delta A \approx 4,2$ % bzw. $\Delta \alpha \approx 13,9°$) gegenüber dem Fertigungszustand. Im Zeitraum 10 – 30 min sinkt die Festigkeit um $\Delta R_m \approx -35$ MPa weiter und das Verformungsvermögen nimmt mit $\Delta A \approx 4,5\%$ bzw. $\Delta \alpha \approx 14,7°$ zu. Die 380 °C/60 min-Variante weist die geringste Festigkeit bei gleichzeitig höchstem Verformungsvermögen auf. Es bestätigt sich, dass anhand der Bruchdehnung nur bedingt eine Aussage über das Verformungsvermögen des Werkstoffs getroffen werden kann (vgl. Unterkapitel 2.4). Während die Bruchdehnungen der T6-Modifikationen ($A_{T6} \approx 11 - 14\%$) noch auf einem ähnlichen Niveau wie die duktilitätsorientierten Varianten ($A \approx 9 - 14\%$) liegen, ist im Biegewinkel ein deutlicher Anstieg feststellbar. Mit Winkeln von $\alpha_{380/60} \approx 49°$ und $\alpha_{400/30} \approx 45°$ lassen sich fast doppelt so hohe Werte erzielen als bei den T6-Varianten ($\alpha_{T6} \approx 25 - 31°$) und um ein Vielfaches größer als im Fertigungszustand. Bei kurzen Glühzeiten (10 min) sind die Durcherhitzung von Bauteilen und die damit einhergehende kurze Haltezeit in Bezug auf die Ausscheidungskinetik und Homogenität des Gefüges zu beachten. Mit den Varianten 380 °C/60 min und 400 °C/30 min können die Anforderungen von Druckguss an R_m, $R_{p0,2}$ und A erfüllt werden. Das Biegewinkelkriterium der AV-DG.10 von $\alpha \geq 50°$ kann nur durch die Variante 380 °C/60 min mit $\alpha \approx 49°$ beinahe erreicht werden.

Zur Überprüfung der Allgemeingültigkeit der erzielten Kennwerte wurden Fertigungschargen aus dem Lieferantennetzwerk bei gleichem Anlagentyp und gleichen Prozessparameter betrachtet. In Bild 6-4 sind die Ergebnisse für den Fertigungszustand und nach Wärmebehandlung T-HD dargestellt. Während die Zugfestigkeit im Fertigungszustand von Charge 1 zu 2 um $\Delta R_m \approx -21$ MPa absinkt und die Dehngrenze um $\Delta R_{p0,2} \approx 8$ MPa ansteigt, ist eine Reduktion von Bruchdehnung und Biegewinkel ($\Delta A \approx -2\%/ \Delta \alpha \approx -3°$) ersichtlich. Im wärmebehandelten Zustand steigen die Festigkeitskennwerte von Charge 1 zu Charge 2 ($\Delta R_m \approx +21$ MPa/ $\Delta R_{p0,2} \approx +16$ MPa), der Abfall von A und α ist noch markanter ($\Delta A \approx -3\%/ \Delta \alpha \approx -17°$). Eine dritte Charge bestätigt die Kennwerte aus Charge 1 mit einer geringfügig reduzierten Dehngrenze und erhöhten Duktilitätskennwerten. Dass die Reproduzierbarkeit von mechanischen Eigenschaften selbst bei baugleichen Anlagen mitunter variieren kann, ist bekannt [MEI18]. Eine detaillierte Betrachtung, statistische Absicherung und Freigabe der anlagenspezifischen Parameter sind daher nach derzeitigem Stand unerlässlich.

Die Langzeit-Wärmestabilität (130 °C/500 h) wurde mit Proben aus Charge 2 ermittelt. Mit einem Anstieg von R_m und $R_{p0,2} \leq 2$ MPa sowie geringen Veränderungen von Bruchdehnung und Biegewinkel sind weder eine Versprödung noch ein Festigkeitsverlust erkennbar.

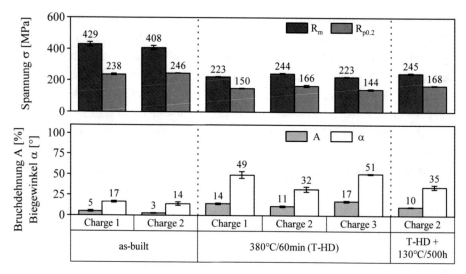

<u>Bild 6-4</u>:   Vergleich der mechanischen Kennwerte von AlSi10Mg über mehrere Fertigungschargen und Einfluss einer Langzeit-Warmauslagerung bei 130 °C/500 h

Wärmebehandlung – AlSi3,5Mg2,5

Basierend auf den ermittelten thermo-physikalischen Eigenschaften in Unterkapitel 6.2 und einer Wärmebehandlungsentwicklung im Projekt *CustoMat3D* (Ergebnisse siehe [KNO20]) wurden für die Legierung AlSi3,5Mg2,5 zwei Prozessrouten zur nachträglichen Modifizierung der mechanischen Kennwerte verwendet. Eine Warmauslagerung bei 170 °C für 60 min ohne vorheriges Lösungsglühen, nachfolgend als T-HS bezeichnet, wurde für Anwendungen mit hohen Festigkeitsanforderungen (R_m, $R_{p0,2}$ > 300 MPa) gewählt. Für crashrelevante Anwendungen mit hohen Duktilitätsanforderungen (A > 10 %/ α > 50°) wurde, wie bei AlSi10Mg, eine Wärmebehandlung von 380 °C für 60 min (T-HD) angewandt. Die Auswirkungen dieser beiden Wärmebehandlungsvarianten auf die mechanischen Eigenschaften sind in Bild 6-5 dargestellt.

Nach der Warmauslagerung bei 170 °C für 60 min steigt bei MK-2A die Zugfestigkeit um 11,3 % auf 453 MPa, die Dehngrenze um 33,2 % auf 361 MPa und die Bruchdehnung reduziert sich von 8 % auf 4 % (absolut). Ausgehend von einem höheren Festigkeitsniveau im Fertigungszustand bei MK-2B steigt R_m geringfügig um 4 MPa und $R_{p0,2}$ um 14 MPa an, während die Bruchdehnung mit ΔA = -1 % (absolut) ungefähr konstant bleibt. Diese Ergebnisse deuten darauf hin, dass bei MK-2B bereits eine Ausscheidungsreaktion im Fertigungsprozess ablief, während sich das Gefüge bei MK-2A in einem früheren metastabilen Umwandlungszustand befindet. Anhand von Untersuchungen zum Ausscheidungsverhalten während des Bauprozesses in KNOOP ET AL [KNO20] wird deutlich, dass eine Fertigung bei konstant 50 °C bzw. 100 °C Plattformtemperatur einen signifikanten

Einfluss auf die Materialeigenschaften hat. Während die Zugfestigkeit mit +9,3 % (442/483 MPa) moderat zunimmt, steigt die Dehngrenze von 270 auf 381 MPa (+41 %) erheblich an. Eine starke Versprödung zeigt sich durch die Reduktion der Bruchdehnung von 12,7 auf 6,1 % (-52 % relativ). Dieses In-situ-Ausscheidungsverhalten kann durch die DSC-Aufnahmen in Unterkapitel 6.2 und in KNOOP ET AL erklärt werden.

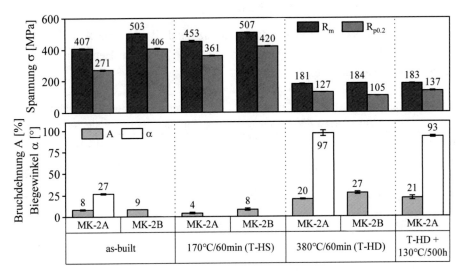

Bild 6-5:   Mechanische Werkstoffkennwerte von AlSi3,5Mg2,5 in Abhängigkeit von der Wärmebehandlung und Maschinenkonfiguration

Durch die festigkeitsorientierte Variante (T-HS) sind hochfeste Schmiedeteile der Ausführungsvariante AV-ST.10 substituierbar. Für die Ausführungsvarianten des Kokillengusses sind weitere WBH-Varianten zu verfolgen und abzusichern, die aufgrund des umfangreichen Untersuchungsaufwands im Freigabeprozess nicht zusätzlich untersucht wurden. Mögliche Prozessrouten sind in KNOOP ET AL [KNO20] ersichtlich.

Bei der duktilitätsorientierten Wärmebehandlung T-HD reduzieren sich die Festigkeitskennwerte um den Faktor 2,5 – 4 auf $R_m \approx 181 - 184$ MPa und $R_{p0,2} \approx 105 - 127$ MPa gegenüber dem Fertigungszustand. Dem gegenüber erhöhen sich Bruchdehnung und Biegewinkel um den Faktor 2,5 – 3,6 auf $A \approx 20 - 27$ % und $\alpha \approx 97°$. Im Vergleich zu AlSi10Mg stellt dies fast eine Verdopplung des Biegewinkels dar. Die Anforderungen des Druckgusses der Ausführungsvariante AV-DG.10 sind dadurch erreichbar. Für AV-DG.20 ist die Reproduzierbarkeit der Dehngrenze von $R_{p0,2} \geq 120$ MPa indes noch abzusichern. Die Langzeit-Wärmestabilität der Kennwerte wurde mit Proben aus MK-2A untersucht. Nach Auslagerung bei 130 °C für 500 h sind die Anforderungen von AV-DG.10 weiterhin einzuhalten. Die Festigkeitswerte steigen geringfügig an ($\Delta R_m \approx +2$ MPa/ $\Delta R_{p0,2} \approx +10$ MPa). Die Bruchdehnung bleibt bei höherer Standardabweichung ungefähr gleich, der durchschnittliche Biegewinkel nimmt um $\Delta\,\alpha = 4°$ auf $93°$ ab. Eine Substitution bisheriger Bauteile und Baugruppen aus Strangpressprofilen ist gemessen an den Grundkennwerten nicht möglich. Während für AV-SP.20 und AV-SP.40 die Bruchdehnung und der Biegewinkel ausreichen, können die geforderten Festigkeitsniveaus nicht erzielt werden. Bei den Ausführungsvarianten AV-SP.10 und AV-SP.30 ist weder die Festigkeit noch das Umformungsvermögen darstellbar.

Einen zusammenfassenden Überblick über die Einsatzfähigkeit von LPBF-Aluminium zur Substitution bestehender Ausführungsvarianten aus konventionellen Herstellungstechniken wird in Tabelle 6-2 gegeben.

Tabelle 6-2:   Bewertung der Einsatzfähigkeit von LPBF-Aluminium als Substitution bestehender Ausführungsvarianten von Strukturkomponenten (nach Tabelle 2-1)

Werkstoff	AlSi10Mg				AlSi3,5Mg2,5			
Ausführungsvariante	AV.10	AV.20	AV.30	AV.40	AV.10	AV.20	AV.30	AV.40
Druckguss (DG)	o	✗	-	-	✓	o	-	-
Kokillenguss (KG)	✓	✓	✓	-	o	o	o	-
Schmiedeteile (ST)	✗	✗	-	-	✓	✗	-	-
Strangpressprofile (SP)	✗	✗	✗	✗	✗	✗	✗	✗

o *Potenziell darstellbar, Nachweis der Einsatzfähigkeit ausstehend*

Angesichts des Fokus der Arbeit auf die Einsetzbarkeit in deformativen, crashbelasteten Anwendungsfällen wird im Weiteren vorrangig die duktilitätsorientorientierte, einstufige Wärmebehandlung T-HD (380 °C/60 min) betrachtet.

6.4   Dichte, Textur, Gefüge- und Phasenuntersuchung

Die Werkstoffeigenschaften bestimmen sich nach Bild 4-1 durch charakteristische Merkmale auf Makro-, Mikro-, Nano- und atomarer Ebene. Im Folgenden wird zunächst auf die Dichte und Porositätsverteilung basierend auf der gewählten Prozessführung eingegangen. Anschließend folgt eine qualitative und quantitative Beschreibung der Gefügebestandteile inklusive deren chemischen Zusammensetzung in Abhängigkeit von der thermischen Nachbehandlung.

Dichte und Porosität (Makrostruktur):

Auf Makrostrukturebene wird die Verteilung von prozessbedingten Poren und strukturellen Defekten anhand von lichtmikroskopischen Aufnahmen charakterisiert. In Bild 6-6 sind beispielhaft repräsentative Teilsektionen der XY-Ebene (Aufbauebene, d. h. Querschliff) des Probenwürfels im Fertigungszustand für die unterschiedlichen Maschinenkonfigurationen dargestellt. Bei allen Varianten sind weder Heißrissbildung noch sonstige gravierende Defekte erkennbar. Die optische Dichtebestimmung mittels Grauwertkorrelation ergibt für AlSi10Mg (MK-1) einen arithmetischen Mittelwert von ≈ 99,7 % (vgl. Bild 6-6 (a)).

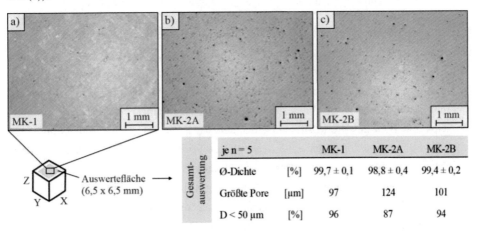

je n = 5		MK-1	MK-2A	MK-2B
Ø-Dichte	[%]	99,7 ± 0,1	98,8 ± 0,4	99,4 ± 0,2
Größte Pore	[µm]	97	124	101
D < 50 µm	[%]	96	87	94

Bild 6-6:   Lichtmikroskopische Querschliffe an Probenwürfel im Fertigungszustand von a) AlSi10Mg; b/c) AlSi3,5Mg2,5 (jeweils repräsentative Detailausschnitte aus dem Kernbereich)

Diese hohe Dichte im Kernbereich ist fast ausschließlich durch mikroskopische Poren (vornehmlich Wasserstoffporosität [ABO14]), d. h. sphärische, kleine Poren mit 96 % D < 50 µm, geprägt. Größere Poren in einem Bereich von 100 – 200 µm sind hauptsächlich im Randbereich aufgrund der Konturbelichtung (Reduktion P_L und v_s) zu finden, was für eine dünnwandige Probe in Bild 6-7 dargestellt ist.

Für AlSi3,5Mg2,5 (MK-2A) zeigt sich eine höhere Porosität ($\rho \approx$ 98,8 %) durch verteilte sphärische Poren über den gesamten Kern- und Randbereich (vgl. Bild 6-8 (b)). Bei dünnwandigen Geometrien kann es, hauptsächlich bedingt durch eine verminderte Wärmeabfuhr, zu einem weiteren Anstieg der Porosität kommen, wofür AlSi3,5Mg2,5 sensitiver ist als AlSi10Mg. Bei MK-2B liegt durch eine veränderte Maschinenkonfiguration und Parameteranpassung die mittlere Dichte bei ≈ 99,4 % (vgl. Bild 6-6 (c)).

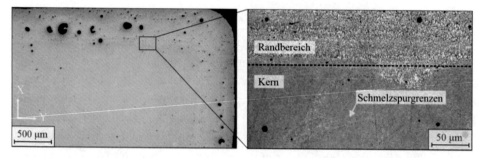

Bild 6-7:   Ungeätzte lichtmikroskopische Querschliffaufnahme von AlSi10Mg (links) und De-
             tailaufnahme im Kern-Rand-Übergangsbereich im geätzten Zustand (rechts)

Die fehlende Übertragbarkeit zwischen MK-2A und MK-2B, bei gleichen Fertigungspa-
rametern, konnte im Rahmen des Projekts *CustoMat3D* nachgewiesen werden. Eine detaillierte Analyse der anlagenspezifischen Eingangsgrößen (vgl. MEIXLSPERGER [MEI18])
ist daher empfehlenswert. Die erschwerte Verarbeitung von AlSi3,5Mg2,5 wird hauptsächlich durch den höheren Magnesiumanteil in der Legierung hervorgerufen, wodurch
die Schweißbarkeit des Werkstoffs verschlechtert wird. Die Schmauchbildung nimmt zu,
woraufhin durch einen Teil der entstehenden Gase Poren im Werkstoff gebildet werden
und Schmauchablagerungen zu Einschlüssen führen können. Durch eine weitere Optimierung der Schmelzbadbedingungen und der Schutzgasführung besteht folglich das Poten-
zial, noch höhere Dichtewerte zu erreichen, was wiederum zu höheren Festigkeiten und
einem gesteigerten Verformungsverhalten führen kann.

Bild 6-8:   Lichtmikroskopische Querschliffe von AlSi10Mg (a) und AlSi3,5Mg2,5 (b) im geätz-
             ten Zustand

Kristallographische Textur (Mikrostruktur):

Während mittels Lichtmikroskopie die Porenverteilung und durch zusätzliche Ätzung die
Schmelzbahnstruktur sowie Gefügefeinung ersichtlich sind, lässt sich mittels Elektronen-
rückstreubeugung (EBSD) die Textur auf Mikrostrukturebene analysieren. Dadurch kann
Aufschluss über die Kornform, -größe und kristallographische Orientierung gewonnen
werden. Die Darstellungsform der inversen Polfiguren (IPF) vereint kompakt diese drei
Merkmale. Durch die unterschiedliche Farbgebung der Ebenen {001} {101} {111} sowie

einen dazwischenliegenden Farbverlauf können sowohl die vorliegende Kristallorientierung als auch die Kornform und -größe identifiziert werden. In Bild 6-9 ist für beide Werkstoffe die Textur im Fertigungsstand im Quer- und Längsschliff, ergänzt durch
AlSi3,5Mg2,5 im wärmebehandelten Zustand, dargestellt. Eine statistische Auswertung
ist über die systeminterne Bildanalyse möglich. Bei der Korngrößenbestimmung wurde
eine Orientierungsänderung zwischen zwei Messpunkten von > 10° als Korngrenze ge-
wertet (Schrittweite = 0,5 µm). Die mittleren Korndurchmesser $\bar{x}$ wurden aus der Fläche
als Kreisäquivalent berechnet, Randkörner sind in der statistischen Auswertung ausgeschlossen. Die charakteristische Gefügestruktur des Laserstrahlschmelzprozesses aus säulenartigen, vorzugsweise in {001}-Richtung orientierten Körnern (vgl. Unterkapitel 4.1.3)
ist für beide Werkstoffe im Fertigungszustand ersichtlich. Die feinere Gefügestruktur von
AlSi10Mg und die stärkere Ausprägung in {001}-Richtung werden auf höhere Erstar-
rungsgeschwindigkeiten, bedingt durch eine höhere Volumenenergiedichte, zurückgeführt
[BUC13].

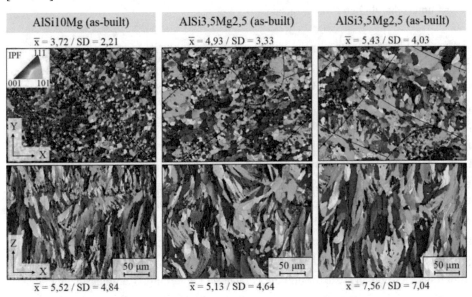

<u>Bild 6-9:</u>   EBSD-Texturanalyse und Korngrößenauswertung (Mittelwert und Standardabwei-
chung) von AlSi10Mg (MK-1) und AlSi3,5Mg2,5 (MK2-B)

Der höhere Energieeintrag ergibt sich im Wesentlichen durch die geringer gewählte
Schichtdicke. Zusätzlich lässt sich ein verstärkt epitaktisches Kornwachstum feststellen.
Bereits aufgebaute Schichten werden partiell angeschmolzen, fungieren als Wärmesenke
und fördern dabei eine epitaktische Erstarrung ausgehend von der ebenfalls in {001} aus-
gerichteten Kornstruktur [HEL17]. Durch das kompetitive Wachstum in Richtung Wär-
mequelle bilden sich säulenartige Strukturen mit Längenausdehnung einzelner Körner bis

≈ 54 µm. Das Längen-Breiten-Verhältnis der Körner in der XZ-Ebene wird durch die Berechnung als Kreisäquivalent nur bedingt repräsentiert. Im Querschliff von AlSi10Mg sind am Schmelzspurrand vermehrt kleine äquiaxiale Subkörner vorhanden, was durch eine in der Randzone geringere Erstarrungsgeschwindigkeit bedingt ist. Mit Zunahme in Richtung Schweißbahnzentrum dominieren derart orientierte Körner, woraufhin die weitere Ausbreitung anderer verhindert wird [BUC13]. Bei AlSi3,5Mg2,5 liegt im Fertigungszustand eine gröbere Kornstruktur mit einem geringeren Längen-Breiten-Verhältnis vor. Durch die geringere Volumenenergiedichte und den damit höheren Temperaturgradienten ist eine verstärkte Orientierung in Richtung Schmelzspurzentrum vorhanden. Tendenziell zeigt sich durch die Wärmebehandlung bei 380 °C/60 min eine Zunahme der mittleren Korngröße in Längs- und Querrichtung. Die kristallographische Vorzugsrichtung ist weiterhin vorhanden, deren Einfluss auf die mechanischen Kennwerte ist indes gering (vgl. Tabelle 7-1). Ergänzend gilt es anzumerken, dass die Analysepositionen möglichst repräsentativ gewählt wurden. Zur statistischen Absicherung sind gleichwohl weitere Positionen an unterschiedlichen Proben ratsam.

Gefüge- und Phasenuntersuchung (Mikro- und Nanostruktur):

Die Zellstruktur innerhalb der Kornstruktur (metastabile Subkornstruktur, vgl. Unterkapitel 4.1.4), bestehend aus α-Al-Matrix und eutektischer Si-Netzwerkstruktur, ist für AlSi10Mg in Bild 6-10 (a) ersichtlich. Darüber hinaus ist in (b) die Vergröberung der Struktur im Schweißnaht-Überlappbereich durch eine geringere Abkühlgeschwindigkeit im Vergleich zur Zentralzone und den thermischen Einfluss angrenzender Bahnen zu erkennen [BUC13, LI16]. In (c) wird der in Bild 4-4 schematisch skizzierte Mechanismus des thermisch aktivierten Wachstums von Si nach Ausstoß aus dem übersättigten Mischkristall ersichtlich (Koaleszenz von Si-Partikeln und Ostwald-Reifung). Die sphärische Morphologie von Si ergibt sich durch das Wachstum entlang der stabilsten Ebene mit der niedrigsten freien Energie, was der am dichtesten gepackten $(111)_{Si}$ Ebene entspricht [LI15]. Bei AlSi3,5Mg2,5 gelangt die vorhandene REM-Apparatur durch die geringen Zellgrößen der Subkornstruktur und die veränderte Legierungszusammensetzung an systemische Grenzen für eine kontrastreiche Darstellung (AsB- oder SE-Kontrast). Ähnlich wie bei AlSi10Mg ist eine näherungsweise äquiaxiale Zellstruktur vorhanden. Deutlich differenzierend ist ein diskontinuierliches Netzwerk unterschiedlichster Ausscheidungsphasen an den Zellgrenzen. Durch die Wärmebehandlung bei 380 °C/60 min (Bild 6-3 (e)) sind eine Zunahme der Zellgröße sowie eine Agglomeration und Sphärodisierung der Ausscheidungen zu verzeichnen. Detaillierte Informationen auf Mikro- und Nanostrukturebene zu Elementverteilung und -konzentrationen innerhalb der Zellstrukturen und Ausscheidungskonstitutionen an den Zellgrenzen können mittels der Transmissionselektronenmikroskopie in Verbindung mit der energiedispersiven Röntgenspektroskopie (EDX) erlangt werden.

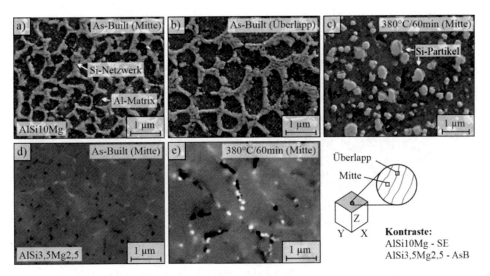

Bild 6-10: REM-Aufnahmen der Mikrostruktur im Fertigungszustand und nach Wärmebehandlung von (a-c) AlSi10Mg und (d-e) AlSi3,5Mg2,5

In Bild 6-11 sind STEM-Aufnahmen beider Werkstoffe im Fertigungszustand und für
AlSi3,5Mg2,5 im Zustand T-HD dargestellt. AlSi10Mg zeigt eine mehrheitlich äquiaxiale
Struktur mit einer durchschnittlichen Zellgröße von 454 nm, umgeben von einem kontinuierlichen eutektischen Zellgrenzenbelag (helle Netzwerkstruktur). Anhand der ortsauf-
gelösten Flächenanalysen (EDX-Mappings) in Bild 6-14 wird eine stark erhöhte Si- und
geringfügig erhöhte Mg-Anlagerung an den Grenzen deutlich. Mittels Linienanalysen in
Bild 6-12 kann dies mit Peaks von $\approx 19-62$ at-% Si bei maximalen Mg-Gehalten von
$\leq 2,6$ at-% quantifiziert werden. Folglich liegen Si-Partikel als primäre Sekundärphase im
Zellübergangsbereich vor. Als weitere intermetallische Sekundärphase liegt Mg_2Si in geringen Mengen voraussichtlich vor. Der Anteil und dadurch auch der Beitrag zur Verfestigung wird als vernachlässigbar betrachtet, was sich durch weiterführende SXRD-Unter-
suchungen (Synchroton X-ray diffraction) zum Lastverteilungsverhalten zwischen Al-
und Si-Phasen während uniaxialer Zugbelastung bestätigt hat. In horizontal gefertigten
AlSi10Mg-Proben, hergestellt mit MK-1, konnte mittels SXRD im Fertigungszustand
keine Mg_2Si-Phase detektiert werden. Allerdings konnte nachgewiesen werden, dass die
Si-Phase einen signifikanten Beitrag zum Verfestigungsvermögen leistet. Die in-situ ge-
messenen Ergebnisse lassen erkennen, dass die maximale Spannung in den vorliegenden
Si-Partikeln $\approx 1681-1951$ MPa erreicht (je nach Berechnungsmethode), während in der
Al-Matrix eine Spannung von $\approx 339-379$ MPa vorliegt. Der aufgenommene Lastanteil
von Si steigt auf bis zu 35,4 % an, obwohl der Volumenanteil von Si nur 9,63 % beträgt.
Die zugehörigen Untersuchungsdetails und weitere Ergebnisse sind in ZHANG ET AL
[ZHA21a] gesondert veröffentlicht.

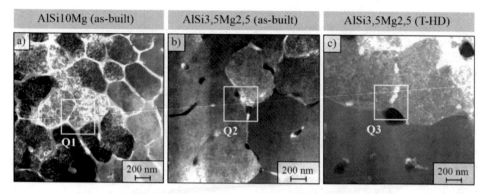

Bild 6-11: STEM-Aufnahmen (Dunkelfeld) der XY-Ebene bei gleicher Vergrößerung von
            AlSi10Mg (a) und AlSi3,5Mg2,5 (b–c)

Die Annahme der Vernachlässigbarkeit des Mg_2Si-Verfestigungsanteils ist in KIM ET AL
[KIM16] sowie MAAMOUN ET AL [MAA18b] ebenfalls wiederzufinden. Der stark übersättigte Mischkristallzustand innerhalb der Zelle wird anhand eines durchschnittlichen Si-
Gehalts von $2,6 \pm 0,5$ at-% in Bereich A1 deutlich (vgl. Tabelle 6-3). Diese Bereichsbe-
stimmung wie auch die Linienanalysen stellen eine erweiterte Bestätigung der Punktana-
lysen von FOUSOVA ET AL [FOU18] dar. Die Mikrostruktur von AlSi3,5Mg2,5 (MK-2B)
in Bild 6-11 (b) ist durch eine Zellgröße von $\approx 600 - 900$ nm und das bereits im REM
ersichtliche diskontinuierliche Netzwerk unterschiedlichster Phasen an den Zellgrenzen
gekennzeichnet.

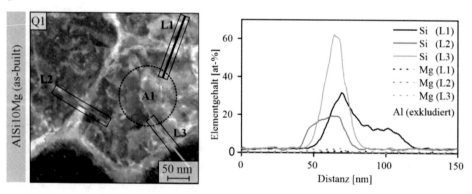

Bild 6-12: EDX-Linienanalyse von Zellgrenzen in STEM-Ausschnitt von AlSi10Mg (aus Bild
            6-11 (a))

Diese weisen von scharf abgegrenzten Ausscheidungen bis zu einem saumartigen Belag
unterschiedlichste Morphologien und Größen auf. Die qualitativen Flächenanalysen in
Bild 6-14 (Mitte) verdeutlichen, dass sich vorwiegend Mg-Si-Phasen an den Zellgrenzen
abscheiden (im Bild dunkel erscheinend), begleitet von Si- und Mn-haltigen Varianten (hell). Zirkon tritt zumeist in Mn-angereicherten Bereichen mit deutlich geringerer

Ausprägung auf. Daher wurde auf eine gesonderte Darstellung von Zr in Bild 6-14 verzichtet.

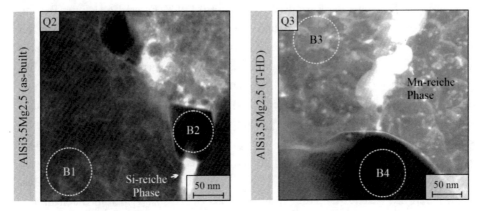

<u>Bild 6-13</u>: EDX-Flächenanalyse in STEM-Ausschnitten von AlSi3,5Mg2,5 (aus Bild 6-11(b) und (c))

Durch die EDX-Bereichsanalyse in B1 (Bild 6-13 und Tabelle 6-3) wird die Übersättigung im Fertigungszustand mit einem mittleren Mg-Si-Summenanteil von ≈ 1,6 at-% deutlich. Aufgrund der erwarteten In-situ-Auslagerung bei MK-2B wird angenommen, dass bei geringeren Prozesstemperaturen (vgl. [KNO20]) noch höhere Übersättigungsgrade vorliegen. An den Zellgrenzen konnte exemplarisch für die inkohärente Ausscheidung in Bereich B2 ein Mg:Si-Verhältnis von ≈ 3:2 ermittelt werden.

<u>Tabelle 6-3</u>: Quantifizierte EDX-Flächenanalyse zur chem. Elementzusammensetzung ausgewählter Bereiche (in Bild 6-12 und Bild 6-13)

Bereich	Al [at-%]	Si [at-%]	Mg [at-%]	Mn [at-%]	Zr [at-%]
A1	97,2 ± 0,6	2,6 ± 0,5	< 0,1	< 0,1	0,2 ± 0,1
B1	97,9 ± 0,6	0,5 ± 0,5	1,1 ± 0,5	0,1 ± 0,1	0,1 ± 0,1
B2	43,8 ± 0,7	22,3 ± 0,6	33,1 ± 0,6	0,6 ± 0,2	0,2 ± 0,2
B3	99,6 ± 0,4	0,1 ± 0,1	0,1 ± 0,1	0,1 ± 0,1	0,1 ± 0,1
B4	2,7 ± 0,5	26,8 ± 0,6	70,4 ± 0,6	< 0,1	0,1 ± 0,1

Durch die STEM-Aufnahme in Bild 6-11 (c) nach Wärmebehandlung und die Flächenanalysen in Bild 6-14 (rechts) werden die im REM beobachtete Zunahme der Zellgröße (Al-Matrix) sowie die Agglomeration und Sphärodisierung der intermetallischen Sekundärphasen belegt, was sowohl für die Mg-Si- als auch die Mn-haltigen Varianten gilt. Die thermisch aktivierte Diffusion und der Ausstoß der Legierungselemente aus der α-Al-Matrix zeigen sich anhand der Reduktion des Mg-Si-Summenanteils von ≈ 1,6 at-% in B1 auf ≈ 0,2 at-% in B3, wobei die Einzelwerte von 0,1 ± 0,1 at-% in den Bereich der Bestimmungsgrenze fallen (vgl. Bild 6-13 und Tabelle 6-3). Die Ausscheidungen sind mit ≈ 50 – 400 nm tendenziell kleiner als bei AlSi10Mg (Bild 6-10 (c)). Die Veränderung der Verfestigungsmechanismen aufgrund thermischer Nachbehandlung ist folglich ähnlich wie bei AlSi10Mg (vgl. Unterkapitel 4.1.4). Der Glühvorgang bei 380 °C für 60 min reduziert Eigenspannungen und vergröbert die Mikrostruktur (Reduktion von Versetzungs- und Korngrenzenverfestigung), einhergehend mit der Abnahme des Übersättigungszustands, wodurch die Mischkristallverfestigung reduziert wird. Mit zunehmendem Abstand zwischen den Partikeln nimmt die Behinderung der Versetzungsbewegung unter mechanischer Last deutlich ab, was in einem Abfall der Festigkeit und einer Zunahme der Duktilität durch die weiche Al-Matrix resultiert (vgl. Bild 6-5). Wiederum durchgeführte SXRD-Analysen ergeben für den Fertigungszustand Volumenanteile von Al ≈ 95,37 vol-%, Mg_2Si ≈ 3,06 vol-% und Si ≈ 1,56 vol-%, was in Gewichtsanteilen Al ≈ 96,42 wt-%, Mg_2Si ≈ 2,26 wt-% und Si ≈ 1,33 wt-% entspricht. Während uniaxialer Zugbelastung ist auffällig, dass die Mg_2Si-Phase bei ≈ 1990 MPa ihr Maximum erreicht und wieder abfällt, während die Spannung in der Si-Phase bis zum Bruch auf ≈ 2388 MPa weiter ansteigt. In der Al-Matrix liegt gleichsam eine Spannung von maximal ≈ 480 MPa vor. Die Abnahme der Spannung in der Mg_2Si-Phase während zunehmender Belastung kann ein Indikator für einsetzende Schädigung sein. Zugehörige Untersuchungsdetails sowie weiterführende Erkenntnisse sind in ZHANG ET AL [ZHA21d] gesondert veröffentlicht. Das Lastverteilungsverhalten im T-HD-Zustand konnte mittels Neutronendiffraktometrie ermittelt werden. Die Volumenanteilsbestimmung resultierte in Al ≈ 93,07 vol-%, Mg_2Si ≈ 4,89 vol-% und Si ≈ 2,04 vol-%, was folglich eine Zunahme der Mg_2Si- und Si-Anteile durch Reduktion des Übersättigungszustands bedeutet und mit den Bereichsanalysen in Tabelle 6-3 korreliert. Während uniaxialer Zugbelastung zeigte sich, dass nach näherungsweise linearem Anstieg die Spannung innerhalb der Al-Matrix mit Fließbeginn bei ≈ 0,1 – 0,2 % wahrer Dehnung nur noch geringfügig ansteigt, während die Spannung in der Mg_2Si- und Si-Phase bis ungefähr 1,9 % wahre Dehnung noch signifikant ansteigt und dabei mit Werten von ≈ 635 MPa bzw. ≈ 649 MPa deutlich über Al mit ≈ 103 MPa liegt. Während bis Einschnürungsbeginn bei ≈ 11,2 % die Spannung innerhalb der Al-Matrix noch auf ≈ 127 MPa ansteigt, liegt das Spannungsmaximum von Mg_2Si und Si bei ≈ 7,5 % wahrer Dehnung bei Werten von ≈ 755 MPa bzw. 814 MPa und verweilt bis zum Einschnürungsbeginn näherungsweise auf diesem Niveau. Die Kurve der aufgebrachten wahren Spannung entspricht qualitativ dem Verlauf der Al-Kurve mit einem Offset im plastischen Verformungsbereich von ≈ +30 MPa und erreicht ihr Maximum bei Einschnürungsbeginn mit ≈ 157 MPa. Die zugrundeliegenden Analysemethoden und Ergebnisse sind in ZHANG ET AL [ZHA21e] veröffentlicht.

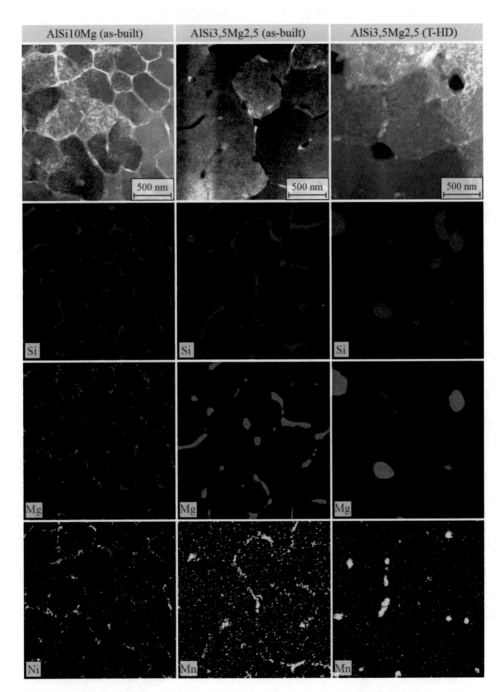

<u>Bild 6-14</u>: STEM-Analysen (XY-Ebene) inklusive korrespondierender EDX-Mappings in Einzelelementdarstellung

6.5   Zwischenfazit – Werkstoffcharakterisierung

Anhand der Charakterisierung der statisch-mechanischen und thermo-physikalischen Eigenschaften in Verbindung mit einer skalenübergreifenden Gefügeanalyse lässt sich erkennen, dass die Werkstoffeigenschaften im Fertigungszustand durch die Überlagerung unterschiedlichster Einflüsse bestimmt werden. Geringe Änderungen der Maschinenkonfigurationen und Fertigungsparameter können signifikante Veränderungen der initialen Gefügemorphologie hervorrufen. Diese differierenden initialen Aushärtungszustände bedingen variierende Ausgangskennwerte und eine Streubreite der Eigenschaften nach Wärmebehandlung. Grundsätzlich bietet AlSi3,5Mg2,5 im Vergleich zu AlSi10Mg höhere Festigkeitskennwerte im Fertigungszustand durch eine hohe Mg-Si-Ausscheidungsrate neben stark übersättigten Mischkristallzuständen. Bezeichnend ist der Unterschied der Dehngrenze mit bis zu ≈ 406 MPa für AlSi3,5Mg2,5 im Vergleich zu ≈ 242 MPa für AlSi10Mg bei gleichzeitig höherer Bruchdehnung. Die charakteristische Gefügestruktur des Laserstrahlschmelzprozesses aus säulenartigen, vorzugsweise in {001}-Richtung orientierten Körnern ist für beide Werkstoffe im Fertigungszustand vorhanden und Ursache für richtungsabhängiges Materialverhalten (Anisotropie). Durch thermische Nachbehandlung besteht bei beiden Werkstoffen die Möglichkeit, die Kennwerte anforderungsspezifisch anzupassen. Ein hohes Verformungsvermögen kann für beide Legierungen mit einer einstufigen Wärmebehandlung bei 380 °C/60 min erzielt werden, wobei die gefügemorphologischen Veränderungen ähnlich sind.

In Bezug auf das karosseriespezifische Anforderungsprofil (vgl. Tabelle 2-1) kann AlSi10Mg die Ausführungsvarianten des Kokillengusses erfüllen. Für die Varianten anderer Herstellungsverfahren ist entweder das Festigkeitsniveau bei erhöhter Duktilität zu gering oder umgekehrt. AlSi3,5Mg2,5 kann im Bereich erhöhter Festigkeit das Profil hochfester Schmiedeteile (AV-ST.10) erreichen, im Bereich hoher Duktilität die Druckgussvariante AV-DG.10. Hinsichtlich der Werkstofftechnik und des Herstellungsverfahrens kann der Nachweis der Prinziptauglichkeit als erfüllt betrachtet werden, während eine weitere Steigerung der Reproduzierbarkeit im Zuge der Konzepttauglichkeit notwendig ist.

7 Crash

Die Untersuchungen zum Crashverhalten gliedern sich in zwei aufeinander aufbauende Betrachtungsbereiche: Grundmaterialcharakterisierung und Crashverhalten von Prinzipstrukturen. Das Hauptziel der Grundmaterialcharakterisierung bestand darin, das Verformungs- und Versagensverhalten des Grundmaterials in Abhängigkeit von der Belastungsgeschwindigkeit (Dehnrate) und dem Spannungszustand (Triaxialität) experimentell zu ermitteln und in praxisrelevante Materialmodelle für die Crashsimulation zu überführen. Ziel der daran anschließenden Crashversuche war es, die Deformationscharakteristik von Prinzipstrukturen unter axialer Stauchbelastung in Bezug auf das Energieabsorptionsvermögen sowie das Faltungs- und Rissverhalten zu untersuchen, um daraus eine Anwendbarkeit für crashbelastete Anwendungen bewerten zu können.

7.1 Dehnratenabhängigkeit der Werkstoffkennwerte

Durch hohe Verformungsgeschwindigkeiten können sich die mechanischen Eigenschaften von Werkstoffen signifikant verändern. Bei den meisten Aluminiumwerkstoffen steigen mit zunehmender Belastungsgeschwindigkeit die Fließspannung, die Verfestigungsrate und die Duktilität in der Regel an. Die Dehnratensensitivität wurde für laseradditiv hergestellte Al-Legierungen bislang nur in einem für Crashlastfälle unzureichenden, nahe-quasistatischen Bereich untersucht (vgl. Unterkapitel 4.2.1), weshalb diese Charakteristik im Schnellzugversuch über einen Dehnratenbereich von $\dot{\varepsilon} = 4,7 \cdot 10^{-3}$ bis $250\ s^{-1}$ ermittelt wurde.

Die Richtungsabhängigkeit wurde mittels stehend (Polarwinkel = 0°) und seitlich liegend aufgebauten Proben (Polarwinkel = 90°) im quasistatischen Flachzugversuch quantifiziert. Anhand der ermittelten Kennwerte in Tabelle 7-1 und der charakteristischen Spannungs-Dehnungs-Kurven in Bild 7-1 (a) wird offensichtlich, dass bei beiden Werkstoffen eine geringe Anisotropie nach Wärmebehandlung besteht. Bei AlSi10Mg ist eine Zunahme der Dehngrenze und der Bruchdehnung von $\Delta R_{p0,2} = 9$ MPa bzw. $\Delta A_{tech} = 3,7\ \%$ in liegender Orientierung zu verzeichnen. Bei AlSi3,5Mg2,5 ist die Abnahme der Zugfestigkeit und Bruchdehnung im liegenden Fall von $\Delta R_m = -6$ MPa bzw. $\Delta A_{tech} = -2\ \%$ auffällig, da diese Kennwerte üblicherweise zunehmen (vgl. Appendix A.1). Der Einfluss zunehmender Belastungsgeschwindigkeit auf den Spannungs-Dehnungs-Verlauf ist in Bild 7-1 für AlSi10Mg in (b) und AlSi3,5Mg2,5 in (c) dargestellt. Auf Basis der geringen Richtungsabhängigkeit wird unter dynamischer Belastung nur die stehende Orientierung betrachtet.

© Der/die Autor(en), exklusiv lizenziert an
Springer-Verlag GmbH, DE, ein Teil von Springer Nature 2023
A. Lutz, *Methodische Werkstoff- und Prozessentwicklung für die additive Serienproduktion von automobilen Strukturkomponenten*, Light Engineering für die Praxis, https://doi.org/10.1007/978-3-662-66532-9_7

Tabelle 7-1:   Mechanische Kennwerte der Legierungen AlSi10Mg und AlMg2,5Si3,5 nach Wärmebehandlung T-HD

Legierung		AlSi10Mg (MK-1)		AlSi3,5Mg2,5 (MK-2A)	
Orientierung		vertikal (0°)	horizontal (90°)	vertikal (0°)	horizontal (90°)
Rauheit R_z / R_a	[µm]	17,4 / 3,0	16,9 / 3,1	23,0 / 4,4	22,7 / 4,2
$R_{p0,2}$	[MPa]	127 ± 2,3	136 ± 2,9	111 ± 1,0	112 ± 0,9
R_m	[MPa]	228 ± 2,0	229 ± 0,8	190 ± 0,8	184 ± 1,4
A_{tech}	[%]	20,4 ± 1,2	24,1 ± 1,0	26,7 ± 1,3	24,7 ± 1,3

Dehngrenze

In Bild 7-1 (d) sind für die gesamte Prüfserie die 0,2-%-Dehngrenzen beider Legierungen in Abhängigkeit von der Dehnrate sowie die Ausgleichsgeraden der Messwerte aufgetragen. Insgesamt zeigen sich relativ große Streuungen, was durch die manuelle Bestimmung des Tangentenmoduls zu begründen ist (vgl. Unterkapitel 5.2.1). Dabei betragen die Standardabweichungen für AlSi10Mg innerhalb der Prüfserie max. 9,1 MPa ($\dot{\varepsilon}_{nom}$ = 1 s^{-1}), bei AlSi3,5Mg2,5 nehmen sie mit steigender Dehnrate kontinuierlich bis 4,4 MPa zu ($\dot{\varepsilon}_{nom}$ = 250 s^{-1}). Insgesamt kann für beide Werkstoffe keine Dehnratenabhängigkeit der Dehngrenze festgestellt werden.

Zugfestigkeit

Die Zugfestigkeit von AlSi10Mg nimmt über den betrachteten Dehnratenbereich im Mittel um 20 MPa auf R_m = 248 MPa und bei AlSi3,5Mg2,5 um 22 MPa auf R_m = 212 MPa zu (vgl. Bild 7-1 (e)). Beide Werkstoffe weisen dabei nur geringe Streuungen auf (Standardabweichungen ≤ 3,1 MPa). Folglich ergibt sich für die Zugfestigkeit eine moderate Dehnratenabhängigkeit von +8,7 % für AlSi10Mg und von +11,6 % für AlSi3,2Mg2,5.

Technische Bruchdehnung

Die mittlere technische Bruchdehnung steigt für AlSi10Mg absolut um 3,4 % auf A_{tech} = 23,8 % und für AlSi3,5Mg2,5 um 2,3 % auf A_{tech} = 28,0 % (vgl. Bild 7-1 (f)). Trotz stärker ausgeprägten Messwertstreuungen wird für beide Werkstoffe ein moderates dehnratenabhängiges Verhalten mit einer relativen Steigerung von 16,7 % bzw. 8,6 % ermittelt.

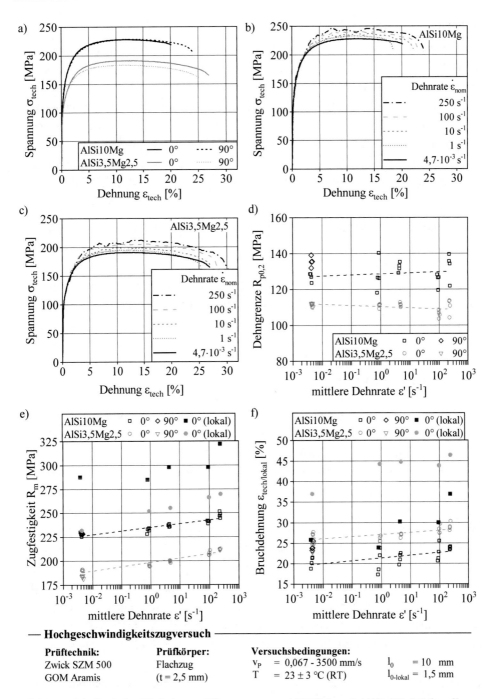

Bild 7-1:   Mechanisches Verhalten und Kennwerte von AlSi10Mg und AlSi3,5Mg2,5 (jeweils nach T-HD) in Abhängigkeit der Dehnrate

Wahre lokale Spannung – Dehnung

Zur Evaluierung des lokalen Plastifizierungsverhaltens und zur späteren Validierung der Simulation wurde die wahre Spannungs-Dehnungs-Kurve mithilfe der digitalen Bildkorrelation analysiert. In der Probenmitte wurde die erste und zweite lokale Hauptdehnung ε_1 und ε_2 ausgewertet, die lokale Messlänge betrug $L_0 = 1,5$ mm. Unter der Annahme, dass $\varepsilon_2 = \varepsilon_3$, wird die aktuelle Querschnittsfläche der Proben erfasst und damit die wahre Spannung σ_{Vdil} (Berücksichtigung von Volumendilatation) berechnet. Die Ermittlung wird dabei für jeweils eine repräsentative Probe pro Dehnrate durchgeführt. Die Ergebnisse für wahre Zugfestigkeit $R_{m(Vdil)}$ und lokale Dehnung A_{lokal} sind zusätzlich in Bild 7-1 (e–f) eingezeichnet.

Die ermittelten Dehnrateneffekte zeigen sich durch die lokale Auswertung noch eindeutiger. Bei der höchsten Dehnrate ($\dot{\varepsilon} = 250$ s^{-1}) zeichnet sich eine Zugfestigkeitserhöhung um $\Delta R_m = 74$ MPa auf $R_{m(Vdil)} = 322$ MPa ab, was einer relativen Zunahme von ≈ 30 % entspricht. Die Bruchdehnung steigt von $A_{tech} = 23,8$ % auf $A_{lokal} = 36,9$ %. Ähnlich signifikant sind die Zunahmen bei AlSi3,5Mg2,5 mit $\Delta R_m = 58$ MPa (+ 27,3 %). Für die Bruchdehnungen ergibt sich mit $A_{lokal} = 46,4$ % eine Differenz von absolut 17,4 % (+ 62 % relativ).

7.2   Fraktographie

Die Bruchcharakteristik und mögliche Veränderungen durch die Belastungsgeschwindigkeit wurden anhand von rasterelektronenmikroskopischen Aufnahmen analysiert. In der Bruchflächenbetrachtung der Flachzugproben aus AlSi10Mg in Bild 7-2 ist ein duktiles Versagen in Form eines ‚Teller-Tassen-Bruchs' ersichtlich. Diese Bruchart zeichnet sich durch die vertikal zur Belastungsrichtung ausgeprägte Bruchfläche im Kernbereich und die Schublippen am Rand aus. Mikrostrukturell dominiert ein sehr fein verteiltes wabenförmiges Bruchbild (Bild 7-2, jeweils rechts) mit einer Grübchengröße von < 2 μm, was mit dem initialen Abstand der Si-Partikel in Bild 6-10 (c) korreliert. Es findet eine Dekohäsion zwischen der Al-Matrix und den Si-Ausscheidungen statt [DEL19]. In den Randbereichen der Probe ist fertigungsbedingt eine erhöhte Anzahl an Poren vorhanden, die bruchinitiierend wirken können. In Bezug auf die Richtungsabhängigkeit ist bei horizontaler Orientierung eine eher glatte, homogene Bruchfläche im Kernbereich ohne dominierende Strukturen vorhanden. Bei vertikaler Orientierung ist vor allem die Trennung entlang der Schweißbahngrenzen prägnant, was durch die in Unterkapitel 4.1.4 beschriebene inhomogene Si-Partikelverteilung zu begründen ist. Das Bruchbild nach hochdynamischer Zugprüfung zeigt keine signifikanten Veränderungen. Der Unterschied zwischen konkaver und konvexer Erscheinungsform der Schweißnaht ergibt sich durch die jeweilige Wahl der Bruchhälfte.

AlSi10Mg

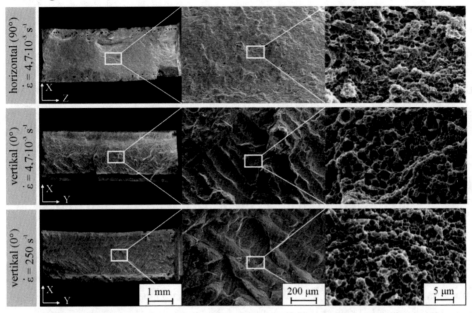

AlSi3,5Mg2,5

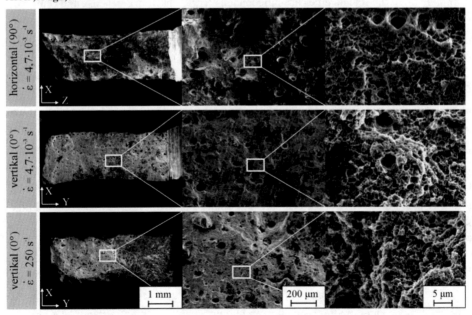

Bild 7-2: Bruchflächen von Flachzugproben aus AlSi10Mg und AlSi3,5Mg2,5 bei unterschiedlicher Aufbaurichtung und Dehnrate (Aufnahmen mittels REM)

Bei AlSi3,5Mg2,5 ergibt sich grundsätzlich ein raueres Bruchbild im Vergleich zu AlSi10Mg. Eine Trennung entlang der Schweißbahngrenzen ist nicht ersichtlich. Es bildet sich ein duktiles Scherbruchverhalten (interkristallin) über mehrere Schichtlagen hinweg aus. Die erhöhte Anzahl fertigungsbedingter Poren ist über den gesamten Probenquerschnitt unabhängig von der Probenorientierung ersichtlich. Die hohe Strukturfeinheit wird durch die geringen Durchmesser der Grübchen von < 1 µm ersichtlich, die sich wiederum durch Dekohäsion zwischen Al-Matrix und Ausscheidungen bilden (Abstände siehe Bild 6-14 rechts). Insgesamt zeichnet sich für beide Werkstoffe durch die Wärmebehandlung bei 380 °C/60 min ein duktiles Bruchverhalten ab, wobei AlSi10Mg eher im ,Teller-Tassen-Bruch' und AlSi3,5Mg2,5 im duktilen Scherbruch versagt.

7.3 Materialverhalten unter mehrachsiger Belastung und Simulation

In diesem Abschnitt wird die in Unterkapitel 4.2.2 vorgestellte im Automobilbau übliche Vorgehensweise zur Generierung und Validierung von Materialmodellen für die Crashsimulation für die zwei betrachteten Werkstoffe angewandt. Dabei wird das Verformungs- und Versagensmodell GISSMO anhand von experimentellen Versuchsdaten parametrisiert und validiert. Anhand eines abschließenden Vergleichs von Versuchs- und Simulationsdaten konnten die Anwendbarkeit und erreichte Prognosegüte bewertet sowie die generierten Materialkarten als Basis für zukünftige Berechnungen zur Verfügung gestellt werden.

Elastisches Verformungsverhalten

Das elastische Verformungsverhalten wird primär durch die atomaren Bindungskräfte bestimmt und rechnerisch über den E-Modul und die Poissonzahl (Querkontraktionszahl) beschrieben [BER13]. Im Flachzugversuch (Unterkapitel 7.1) wird für beide Werkstoffe in 0°-Richtung ein durchschnittlicher E-Modul von $E = 69,3$ GPa und in der liegenden Orientierung (90°) von $E = 70,3/70,0$ GPa (AlSi10Mg/AlSi3,5Mg2,5) ermittelt, was sich mit den Standardwerten für vergleichbare 4xxx/6xxx-Legierungen deckt [OST14]. Für die Simulation wird $E = 70$ GPa und die Tabellenwerte für Poissonzahl mit $\nu_{AL} = 0,33$ und Dichte $\rho = 2,78$ g/cm³ gewählt.

Plastisches Verformungsverhalten

Die Bestimmung der Fließkurve in Bild 7-6 (links) erfolgt unter Annahme von isochorer Plastizität sowie eines eindimensionalen und homogenen Spannungszustands. Als Grundlage wurden die Messdaten der Flachzugversuche (quasistatisch) aus dem vorhergehenden Abschnitt verwendet. Nach Umrechnung von technischer in wahre Spannungs-Dehnung-Kurve wurde das Verfestigungsgesetz nach Hockett-Sherby kalibriert. Dabei wurde der Materialversuch nachsimuliert und es wurden die freien Parameter c und d mittels

Optimierungstool LS-Opt in Verbindung mit LS-DYNA bestimmt. Als Zielfunktion wurde die *Mittlere quadratische Abweichung* verwendet und die Abweichung zwischen den technischen Spannungs-Dehnungs-Kurven aus Versuch und Simulation minimiert. Für die Simulation wurde die Plastizitätskarte *MAT_024 (MAT_PIECEWISE_LI-NEAR_PLASTICITY) verwendet, die dem Festigkeitskriterium nach *von-Mises* entspricht. Durch diese Formulierung ist eine praxistaugliche, sehr effiziente Berechnung möglich, die eine Dehnratenabhängigkeit, jedoch keine Anisotropie berücksichtigen kann. Durch die gering ausgeprägte Anisotropie der Werkstoffe nach Wärmebehandlung (vgl. Tabelle 7-1) wurde darauf verzichtet, was der effizienten Anwendbarkeit in der Gesamtfahrzeugsimulation dienlich ist. Die Berücksichtigung wäre durch Verwendung einer anderen Plastizitätskarte zu Lasten der Berechnungszeit generell möglich. Über *MAT_ADD_EROSION wird GISSMO als Versagensmodell gekoppelt. Die Vernetzung der Probengeometrien erfolgte mithilfe von vollintegrierten Shell-Elementen (Elementform 16). Zur Kalibrierung wurde die Vernetzungsgröße mit einer Kantenlänge von $l_E = 0,5$ mm deutlich kleiner als für Crash-Simulationen üblich gewählt ($l_E \geq 5$ mm), um elementgrößenabhängige Effekte zu vermeiden [AND16]. Die spätere Verwendung üblicher Elementgrößen ist durch Regularisierung möglich.

Die Parameter des GISSMO-Modells wurden, wie auch bei der Fließkurvenbestimmung, durch inverse Simulation der Probenversuche ermittelt. Dabei wurden zur Ermittlung der Startwerte für die Optimierung die Versuche mit aktivierter GISSMO-Erweiterung, aber mit Versagenswerten, die nicht zu einer Schädigung führen, bis zur Versagensdehnung des experimentellen Versuchs simuliert. Ausgehend davon wurden die Dreiachsigkeits- und äquivalent plastischen Dehnungswerte für die am stärksten belasteten Elemente der einzelnen Versuche ermittelt und als initiale Stützstellen der Versagenskurve vorgegeben. Anschließend wurden die vorhandenen Stützstellen mit derselben Zielfunktion (Minimierung der mittleren quadratischen Abweichung) variiert. Dazwischen wurde linear interpoliert und an den Randbereichen zur Abdeckung eines höheren Triaxialitätsbereichs in begrenztem Maße extrapoliert. Durch zusätzliche Versuche unterschiedlicher Triaxialität könnte die Prognosegüte weiter erhöht werden.

Als Eingangsgrößen dienen die Flachzugergebnisse aus Unterkapitel 7.1 sowie zusätzliche Kerb- und Scherzugversuche. In Bild 7-3 sind beispielhaft die Ergebnisse von AlSi3,5Mg2,5 aufgezeigt. Zur Ergebnisbewertung stellen neben der Übereinstimmung der Spannungs-Dehnungs-Kurven der initiale Versagensort, die lokalen Dehnungen und die Bruchbilder bedeutende Gütekriterien dar. Ein singuläres quantifizierbares Gütekriterium liegt daher üblicherweise nicht vor. Eine zufriedenstellende Prognosegüte ist durch die anwendende Person unter Berücksichtigung der vorhandenen Reproduzierbarkeit der Materialeigenschaften sowie anwendungsspezifischen Einflussgrößen zu definieren.

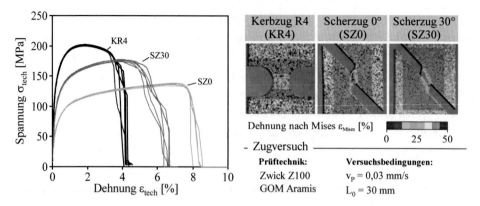

<u>Bild 7-3</u>:   Experimentelle Ergebnisse aus Kerb- und Scherzugversuchen von AlSi3,5Mg2,5 (links); Dehnung nach *Mises* unmittelbar vor Versagen (rechts)

Die vergleichende Ermittlung und Bewertung der lokalen Dehnungen, Versagensmechanismen und Bruchbilder wird durch die Methode der digitalen Bildkorrelation ermöglicht. In Bild 7-4 ist exemplarisch ein Vergleich der Dehnungsverteilung zwischen Simulation und Materialversuch im letzten auswertbaren Schritt vor Versagen dargestellt.

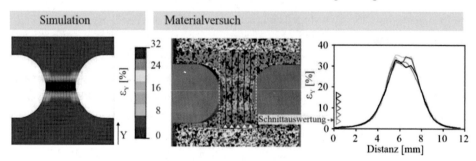

<u>Bild 7-4</u>:   Vergleich der Dehnungsverteilung (unmittelbar vor Versagen) von Simulation und Materialversuch am Beispiel Kerbzug R4

Zu Gunsten der Übersichtlichkeit wird auf eine detaillierte Betrachtung der Versuchsergebnisse beider Werkstoffe und eine iterative Bewertung innerhalb der inversen Parameteroptimierung verzichtet. Eingehende Beschreibungen vergleichbarer Vorgehensweisen sind in SUN ET AL [SUN13], ANDRADE ET AL [AND16] und FAT 283 [TRO15] zu finden.

In Bild 7-5 sind die resultierenden technischen Spannungs-Dehnungs-Kurven aus den Materialversuchen (jeweils eine repräsentative Kurve) und der Simulationen dargestellt. Der Flachzug kann für beide Werkstoffe mit einer hohen Abbildungsgenauigkeit über den gesamten Kurvenverlauf reproduziert werden. Neben einer allgemein zufriedenstellenden Übereinstimmung bei der simulativen Beschreibung des Kerb- und Scherfalls tritt bei

AlSi10Mg eine leicht verfrühte Entfestigung des Werkstoffs im Kerbfall ein. Bei AlSi3,5Mg2,5 ist nach erhöhtem Spannungsniveau ein ähnliches Phänomen erkennbar.

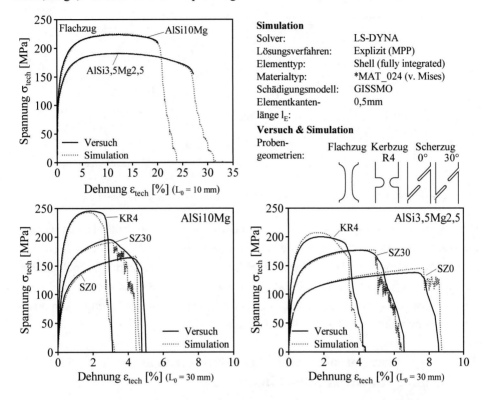

Bild 7-5:   Vergleich techn. Spannungs-Dehnungs-Kurven aus Versuch und Simulation

Die zugrundeliegenden Kurven der erstellten werkstoffspezifischen Materialkarten sind in Bild 7-6 aufgeführt. Links sind die nach Einschnürungsbeginn extrapolierten Fließkurven zusehen, mittig die Kurven der Bruchdehnung ε_f^p (LCSDG) und kritischen Dehnung ε_{lokal}^p (ECRIT) und rechts der elementgrößenabhängige Fading-Exponent m (FADEXP) sowie der Faktor k (LCREGD) für die Regularisierung der Bruchdehnung. Die Regularisierung ist im vorliegenden Fall durch die Verwendung der Flachzugprobe bis zu einer Element-größe von l_E = 3,5 mm ohne Extrapolation möglich. Für die Gesamtfahrzeugmodellierung ist eine Erweiterung bis zu Elementgrößen von $l_E \approx 10$ mm unter Verwendung zusätzlicher größerer Probengeometrien empfehlenswert. Weitere verwendete GISSMO-Parameter sind: DMGEXP = 2; SHRF = 1; BIAXF = 1. Eine Validierung der Materialkarten mit Komponentenversuchen und die Anwendungsfähigkeit unterschiedlicher Elementtypen sind durch Arbeiten außerhalb des Kontexts dieser Arbeit gewährleistet. Insgesamt konnte das jeweilige werkstoffspezifische Festigkeits- und Plastizitätsverhalten sowohl im

elastischen als auch im gesamten plastischen Verformungsbereich inklusive Versagenseintritt mit hoher Prognosegüte abgebildet werden.

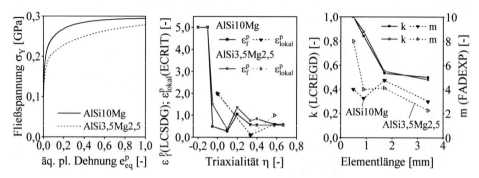

Bild 7-6:   Fließkurven und GISSMO-Modellparameter für AlSi10Mg und AlSi3,5Mg2,5

Durch geringe Anisotropie und typisches metallisches Versagensverhalten kann mit einem
‚berechnungseffizienten' Materialmodell (hier: *von-Mises*-Modell) eine hinreichende Genauigkeit erlangt werden. Die Abweichungen liegen im Hinblick auf den technologischen
Reifegrad der additiven Fertigung in Bezug auf die Reproduzierbarkeit der Materialeigenschaften deutlich unterhalb der üblichen Kennwertstreuungen durch Erzeugung in unterschiedlichen Fertigungschargen (vgl. Unterkapitel 6.3).

7.4   Deformation dünnwandiger Strukturen unter quasistatischer Stauchbelastung

Anhand der Grundmetallcharakterisierung wurde deutlich, dass ein hohes Verformungsvermögen bei moderater Dehnratenabhängigkeit für beide Legierungen möglich ist.
AlSi3,5Mg2,5 weist dabei bei einem geringeren Festigkeitslevel gegenüber AlSi10Mg ein
höheres plastisches Verformungsvermögen auf. Darauf aufbauend wurde im folgenden
Abschnitt das Deformationsverhalten von Rohrprofilen unter quasistatischer und hochdynamischer Belastung untersucht, um die Eignung gedruckter dünnwandiger Strukturen für
crashbelastete Anwendungsfälle zu analysieren. Zur Veranschaulichung des Deformati-
onsverhaltens gedruckter Strukturen im Vergleich zu konventionellen Herstellungsverfahren wurden zusätzlich Profile derselben Geometrie aus AW 6060 T66 mit einem Eigen-
schaftsspektrum gemäß AV-SP.20 von Strangpressprofilen betrachtet. Die verwendeten
Profile dieser aushärtbaren Aluminium-Silizium-Magnesium-Legierung der 6xxx-Gruppe
hatten nach Chargen-Prüfzeugnis ein ausgeglichenes Mg-Si-Verhältnis von jeweils
0,41 wt-% Mg und Si und damit einen deutlich geringeren Anteil an Hauptlegierungsele-
menten. Die betrachteten Werkstoffe weisen ein grundsätzlich unterschiedliches Versagensverhalten unter axialer Stauchbelastung auf. In Bild 7-7 sind die ermittelten Kraft-

Weg-Verläufe und in Bild 7-8 die additiv gefertigten Proben nach der Prüfung dargestellt. AlSi10Mg besitzt bei stark schwankendem Kraftverlauf ein von Rissen und Ausbrüchen gekennzeichnetes Deformationsbild. Nach Überschreitung des initialen Kraftpeaks (F_{max} = 80,4 – 92,5 kN, vgl. Tabelle 7-2) und anfänglichem Beulverhalten treten Risse vornehmlich entlang des äußeren Umfangs auf (höchster plastischer Verformungsgrad), wodurch der erste Kraftabfall auf ein niedriges Niveau initiiert wird. Mit zunehmendem Stauchweg und jeweils erneutem Kontakt zur Druckplatte wiederholt sich dieser sequenziell ablaufende Mechanismus, wobei der Kraftverlauf zunehmend variiert. Die Prüfkörper aus AlSi3,5Mg2,5 weisen ein differierendes Deformationsbild auf (vgl. Bild 7-7 (b)).

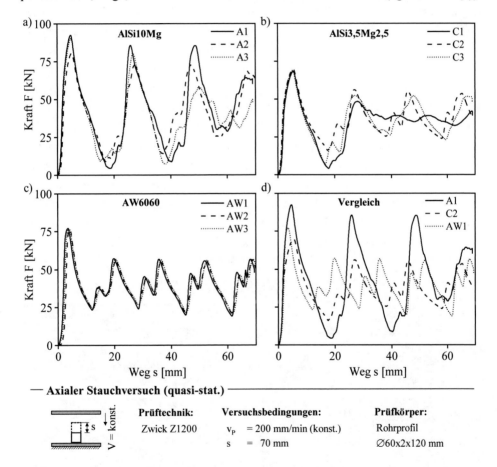

Bild 7-7: Kraft-Weg-Verlauf unter quasistatischer axialer Stauchbelastung für a) AlSi10Mg; b) AlSi3,5Mg2,5; c) AW6060 und d) Vergleich je einer Stauchkurve der betrachteten Werkstoffe [*Kurzbezeichnungen gemäß Tabelle 7-2*]

Nach einem reproduzierbaren ersten Kraftanstieg bis zur Beulstabilität bei F_{max} = 68,4 – 69,6 kN stellt sich ein unterschiedliches Faltungsverhalten im

Nachbeulbereich ein: unsymmetrisches Faltverhalten mit Rissen bei C1, symmetrische rissfreie kontinuierliche Faltungsform bei C2 und rissbehaftetes symmetrisches Verhalten bei C3 (vgl. Bild 7-8). Die absorbierte Energie variiert dabei zwischen EA_{C1} = 2,38 kJ und EA_{C2} = 2,59 kJ. AW6060 zeigt ausschließlich ein kontinuierliches, reproduzierbares, symmetrisches Faltungsverhalten in Ringform (vgl. Bild 7-7 (c) und Bild 7-9 links). Mit einem initialen Maximalkraftniveau von F_{max} = 76,3 – 77,1 kN und einer durchschnittlichen Stauchkraft von F_{av} = 39,2 – 39,5 kN ergibt sich eine Stauchkrafteffizienz von $\eta \approx 0,51$ bei einer absorbierten Energie von EA = 2,73 – 2,74 kJ (vgl. Tabelle 7-2). Bemerkenswert ist der hohe plastische Umformungsgrad während des sequenziellen Faltungsprozesses bei einem Bruchdehnungsniveau von A_{AW6060} = 11,7 % gegenüber A > 20 % bei den additiv gefertigten Legierungen. Dadurch wird wiederum belegt, dass die Bruchdehnung keine geeignete Kenngröße zur Bewertung des möglichen Umformgrads darstellt. Im Vergleich der Werkstoffe in Bild 7-7 (d) zeigt sich, dass Kraftniveau und -verlauf von AlSi3,5Mg2,5 bei symmetrischer rissfreier Faltung und AW6060 trotz der deutlich abweichenden statischen Materialkennwerte vergleichbar sind. Eine unterschiedliche Faltungslänge wird durch die Phasenverschiebung deutlich. Vergleichend zu ALKHATIB ET AL [ALK19] sind für AlSi10Mg ein geringeres Verformungsvermögen und eine höhere Rissneigung mit Teilausbrüchen zu verzeichnen. Deutlich abweichend ist die initiale Beulkraft, die in der vorliegenden Untersuchung bei gleicher Geometrie um den Faktor $\approx$ 1,6 – 1,9 höher liegt. Dies kann nur teilweise auf die geringeren mechanischen Kennwerte ($R_m/R_{p0,2}$ = 194/105 MPa) durch deren Weichglühvorgang bei 400 °C/2 h zurückgeführt werden. Die Beulkraft bei AlSi3,5Mg2,5 liegt bei vergleichbaren mechanischen Kennwerten ebenfalls um den Faktor $\approx$ 1,4 höher.

Bild 7-8:   Übersicht gestauchter Proben nach quasistatischer Stauchbelastung: AlSi10Mg (A1-A3) und AlSi3,5Mg2,5 (C1-C3) [*Kurzbezeichnungen gemäß Tabelle 7-2*]

Tabelle 7-2: Auswertung der crashcharakterisierenden Kennwerte sowie des Falt- und Bruch-verhaltens der axialen Stauchung von dünnwandigen Rohrprofilen

	Nr.	WBH	BA*	F_{av} [kN]	EA [kJ]	F_{max} [kN]	η [-]	Falt-verhalten	Bruch-verhalten	
AlS10Mg	A1	T-HD	QS	43,3	2,96	92,5	0,47	-	Strukturverl.	✗
	A2			41,6	2,92	80,4	0,52	-	Strukturverl.	✗
	A3			36,9	2,69	90,3	0,41	-	Strukturverl.	✗
	A4		D-1	47,5	2,39	88,7	0,54	-	Strukturverl.	✗
	A5			46,6	2,48	101,5	0,46	-	Strukturverl.	✗
	A6			43,1	2,44	95,2	0,45	-	Strukturverl.	✗
	A7		D-2	41,2	3,04	96,3	0,43	-	Strukturverl.	✗
	A8			44,4	3,34	96,6	0,46	-	Strukturverl.	✗
	A9			46,4	3,40	90,5	0,51	-	Strukturverl.	✗
AlSi3,5Mg2,5	C1	T-HD	QS	35,1	2,38	68,4	0,51	Diamant	Umlaufend	✗
	C2			37,2	2,59	69,6	0,53	Ring	Rissfrei	✓
	C3			36,6	2,49	68,9	0,53	Ring	Umlaufend	✗
	C4		D-1	39,1	2,49	79,1	0,50	Ring	Rissfrei	✓
	C5			39,9	2,55	79,6	0,50	Ring	Rissfrei	✓
	C6			35,9	2,63	78,3	0,46	Diamant	Umlaufend	✗
	C7		D-2	41,3	2,94	79,9	0,52	Ring	Partiell	✓
	C8			39,5	2,86	79,0	0,50	Ring	Rissfrei	✓
	C9			36,4	2,63	77,5	0,47	Diamant	Umlaufend	✗
AW6060	AW1	T66	QS	39,5	2,74	77,1	0,51	Ring	Rissfrei	✗
	AW2			39,2	2,73	76,3	0,51	Ring	Rissfrei	✗
	AW3			39,3	2,79	76,8	0,51	Ring	Rissfrei	✗

*BA = Belastungsart: QS = quasistatisch (200 mm/min) / Hochdynamisch: D-1 = 15 km/h – 600 kg / D-2 = 15 km/h – 600 kg

Das weitere Faltverhalten von AlSi3,5Mg2,5 ist mit den Ergebnissen von ALKHATIB ET AL vergleichbar. Vorteilig ist eine tendenziell höhere mittlere Stauchkraft. Die Auswirkungen und die Notwendigkeit einer duktilitätsorientierten Wärmebehandlung werden durch einen Vergleich mit Proben im Fertigungszustand (A10/C10) in Bild 7-9 aufgezeigt.

Bild 7-9:   Stauchprobe aus AW6060 (links); Stauchprobe ohne Wärmebehandlung aus AlSi10Mg (Mitte) und AlSi3,5Mg2,5 (rechts) [*Kurzbezeichnungen gemäß Tabelle 7-2*]

Durch die hohe Festigkeit im Fertigungszustand (vgl. Tabelle 6-1) ergibt sich eine hohe Initialkraft F_{max} = 162,7/153,9 kN mit anschließendem spröden Bruchverhalten, bei dem Teilsegmente splitterartig aus der Struktur herausbrechen und ein kompletter Kraftabfall vorliegt. Durch die fehlende Strukturintegrität ergeben sich bei zunehmendem Deformationsweg Folgebrüche bei niedrigem schwankenden Kraftniveau, das von der Verformung der Struktur im vorherigen Bruch und dem sich daraus ergebenden Belastungsfall bzw. Spannungszustand abhängig ist.

7.5   Deformation dünnwandiger Strukturen unter schlagartiger Stauchbelastung

Im Folgenden wird der Einfluss einer dynamisch-schlagartigen Belastung auf das Deformationsverhalten untersucht. Durch die im Schnellzugversuch ermittelte moderate Dehnratenabhängigkeit soll die Annahme bestätigt werden, dass die Dehnrate einen geringen Einfluss auf das Verformungs- und Versagensverhalten sowie das Energieabsorptionsvermögen hat. Die Rohrprofile wurden bei unterschiedlicher initialer Aufprallenergie ($E_{kin1/2}$ = 2,61/ 5,21 kJ) getestet, was bei gleichbleibender Aufprallgeschwindigkeit (15 km/h bzw. 4,167 m/s) durch Variation der Fallmasse (300/600 kg) realisiert wurde. Die niedrigere zu absorbierende Energie E_{kin1} wurde basierend auf den quasistatischen Tests so gewählt, dass die Proben über einen Stauchweg von s ≈ 70 mm die Energie vollständig absorbieren sollten. Durch die höhere Energie E_{kin2} wurde die maximale Energieabsorption bis zu diesem Deformationsweg ermittelt. Während im quasistatischen Stauchversuch eine konstante Deformationsgeschwindigkeit vorliegt, wird im dynamischen Belastungsfall die freie Fallmasse durch den Prüfkörper abgebremst, was zu einem degressiven Weg-Zeit-Verlauf und einer abnehmenden Dehnrate führt. Die dazugehörigen Verläufe sind in Bild

7-11 (a) exemplarisch für beide Belastungsvarianten dargestellt. Beginnend mit einer no-minellen Dehnrate von $\dot{\varepsilon}_{nom} = 34{,}7\ s^{-1}$ fällt diese bei gesamter Energieabsorption durch C4 vollständig ab. Die geringere Abnahme bei C8 wird durch das höhere Niveau der tech-nischen Dehnrate und den steileren Abstieg der Weg-Zeit-Kurve deutlich, bevor die Weg-begrenzung eintritt. Die Messsignale sind trotz teilweiser Glättung (vgl. Unterkapitel 5.2.3) durch den schlagartigen Aufprall von deutlichen Schwingungen überlagert.

Das jeweilige Versagensverhalten der additiv gefertigten Werkstoffe ist grundsätzlich ähnlich wie in den quasistatischen Versuchen. Während die Rohrprofile aus AlSi10Mg wiederum durch Ausbrüche und Risse zu Strukturverlust neigen, zeigen die aus AlSi3,5Mg2,5 ein konstanteres Versagensbild gegenüber den Ergebnissen unter quasista-tischer Belastung. In Bild 7-10 sind die AlSi3,5Mg2,5-Profile nach der Prüfung sowie in Bild 7-11 (b-d) ausgewählte Kennwertverläufe dargestellt. Die Auswertung der charakte-risierenden Crashkenngrößen für alle Proben ist, wie auch für AlSi10Mg, in Tabelle 7-2 ersichtlich. AlSi10Mg im Wärmebehandlungszustand T-HD erweist sich final als für große Deformationen bzw. Umformungsverhältnisse ungeeignet, weshalb die Ergebnisse im Folgenden nicht näher betrachtet werden.

Bild 7-10: Übersicht gestauchter Rohrprofile aus AlSi3,5Mg2,5 nach schlagartiger Stauchbelas-tung [*Kurzbezeichnungen gemäß Tabelle 7-2*]

Bei AlSi3,5Mg2,5 lassen sich unter Beaufschlagung mit E_{kin1} zu Beginn ein reproduzier-barer Kraftanstieg und ein gleichförmiges Primär-Beulverhalten mit einem Maximalkraft-bereich von $F_{max} = 78{,}3 - 79{,}6\ kN$ erkennen (Bild 7-11 (b)). Der darauffolgende Verlauf ist durch den Faltungsmechanismus dominiert, wobei zweifach ein rissfreies symmetri-sches und einfach ein unsymmetrisches Versagensbild vorherrscht. Dabei konnten alle Proben die Energie vollständig absorbieren, die Unterschiede in den ermittelten absorbierten Energien (E_{abs} = 2,49 – 2,63 kJ) in Tabelle 7-2 werden auf die überlagerten Schwingungen im Messsignal zurückgeführt. Unter Belastung mit E_{kin2} ist sowohl rissfreies als auch partiell rissbehaftetes symmetrisches sowie unsymmetrisches Versagen vorzufinden. Das symmetrisch ringförmige Versagen kann mit EA = 2,94 kJ (C7) bzw. 2,86 kJ (C8) mehr Energie absorbieren als der unsymmetrische Fall mit EA = 2,63 kJ (C9), was mit der Theorie übereinstimmt [ALE60, ABR84, KRÖ02]. Durch die geringere Abnahme der Dehnrate bei höherer Energie liegt folglich eine zeitlich schnelle Faltenbildung vor (vgl. Bild 7-11 (c)), was jedoch keine signifikante Auswirkung auf den Kraft-Weg-Verlauf (vgl. Bild 7-11 (d)) sowie die mittlere Stauchkraft F_{av} ($\Delta \bar{F}_{av}$ = 5,2 %) hat. Als Folge der höheren Dynamik ist die Wellenlänge der oszillierenden Deformationskraft der dynamischen Versuche (C4/8) im Gegensatz zum quasistatischen Fall (C2) geringer.

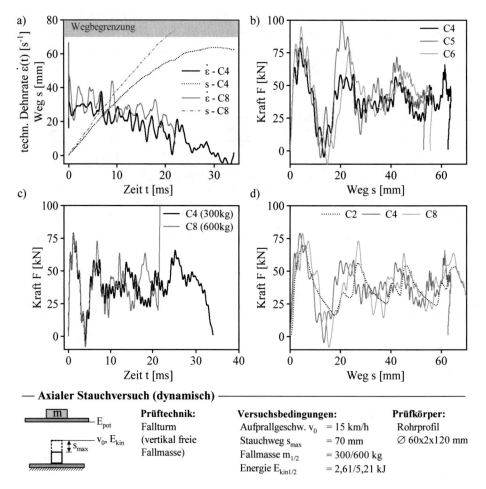

Bild 7-11: Beispielhaft ausgewählte Kennwertverläufe unter schlagartiger Stauchbelastung [*Kurzbezeichnungen gemäß Tabelle 7-2*]

Die initiale Anfangskraft, die mittlere Stauchkraft und der qualitative Verlauf können unter Berücksichtigung der überlagerten Schwingungen im dynamischen Versuch als vergleichbar betrachtet werden. Die getroffene Annahme, dass die Dehnrate einen geringen Einfluss auf das Verformungs- und Versagensverhalten sowie das Energieabsorptionsvermögen hat, wird als bestätigt angesehen. In der Bewertung der unterschiedlichen Deformationsformen ist, wie in Unterkapitel 4.2.3 aufgeführt, außerdem zu berücksichtigen, dass Deformationsversuche eine hohe Sensitivität aufweisen. So können bei Wiederholung eines Versuchs mit gleicher Rohrgeometrie und Charge unterschiedliche Versagensformen (sym./unsym./Mischform) auftreten und bei kleinen Abweichungen des Aufprallwinkels kann die symmetrische in die unsymmetrische Faltung übergehen [KRÖ02].

Des Weiteren sind Einflussfaktoren durch den additiven Prozess besonders bei dünnwandigen Strukturen zu beachten. Beschichtungsfehler, Schichtversatz und Wandstärkenabweichungen stellen prozessbedingte Unstetigkeiten im Bauteil dar und begünstigen ein unkontrolliertes Triggerverhalten im Deformationsfall. Während konstruktiv eingesetzte geometrische Trigger zur Kontrolle des initialen Versagensorts und zur Reduktion der initialen Maximalkraft vorteilhaft sind [KRÖ02, SCH16b, SCH16c], sollten Prozessinhomogenitäten an variierenden Positionen unbedingt vermieden werden. Ferner sind die Oberflächenbeschaffenheit (Rauheit) und die richtungsabhängige Strukturierung durch den Schichtaufbau zu berücksichtigen. Eine verminderte Wärmeabfuhr im Aufbauprozess, bedingt durch dünnwandige Strukturen, kann zusätzlich eine erhöhte Porosität begünstigen.

7.6   Zwischenfazit – Crash

Der Werkstoff AlSi3,5Mg2,5 ist nach duktilitätsorientierter Wärmebehandlung grundsätzlich für crashbelastete Anwendungsfälle geeignet (Prinziptauglichkeit). Die notwendige Strukturintegrität und Faltenbildung sind im Deformationsfall prinzipiell vorhanden und eine rissarme bis rissfreie Umformung ist möglich. Die mechanischen Eigenschaften steigen mit zunehmender Belastungsgeschwindigkeit moderat an (< 12 %), wobei die Dehnrate einen geringen Einfluss auf das Verformungs- und Versagensverhalten sowie das Energieabsorptionsvermögen hat. Die Streuung innerhalb der Deformationsergebnisse kann durch diverse Einflussfaktoren des additiven Fertigungsprozesses und den zum Zeitpunkt der Analyse vorhandenen Forschungsstand in der Verarbeitung der Legierung AlSi3,5Mg2,5 begründet werden, weshalb von einer konzeptuellen Eignung auszugehen ist. Für eine finale Bewertung der Konzepttauglichkeit sind weitere Parameteruntersuchungen zur Prozessfähigkeit der Bauteilgenerierung und eine Erhöhung des Versuchsumfangs zur statistischen Absicherung empfehlenswert. Durch die hohe Sensitivität der Stauchversuche gegenüber der geringfügigen Variation der Versuchsbedingungen (vgl. Unterkapitel 4.2.3) werden die Analyse und die Quantifizierung der deformationsbestimmenden Einflussfaktoren erschwert.

AlSi10Mg erweist sich für große Deformationen bzw. Umformungsverhältnisse als ungeeignet, was aus dem Guss bekannt ist und sich durch die veränderte Gefügemorphologie nicht signifikant verändert. Der Einsatz ist nur in Anwendungen mit reduzierten Duktilitätsanforderungen möglich. Eine weitere grundlegende Voraussetzung für die Einsatzfähigkeit der Materialien im Serienumfeld ist ein validiertes Materialmodell zur numerischen Bauteilauslegung. Es konnte gezeigt werden, dass das Festigkeits- und Plastizitätsverhalten beider Werkstoffe durch bestehende experimentell kalibrierbare Materialmodelle sowohl im elastischen als auch im gesamten plastischen Verformungsbereich inklusive Versagenseintritt mit hoher Prognosegüte numerisch abbildbar ist.

8   Korrosion

Basierend auf den Erkenntnissen aus Unterkapitel 6.3 zur Bewertung der Einsatzfähigkeit von LPBF-Aluminium als Substitution unterschiedlicher Ausführungsvarianten von Strukturkomponenten werden im Folgenden die identifizierten festigkeits- und duktilitäts-orientierten Werkstoffzustände (as-built/T-HS/T-HD) in Bezug auf ihre Beständigkeit gegenüber korrosiven Umgebungsbedingungen untersucht. Neben den LPBF-Aluminiumlegierungen wird AlSi10Mg aus dem Vakuum-Druckgussverfahren (VDG) als Referenz gewählt. Durch einen direkten Vergleich mit dieser im Automobilbau bereits vielfach eingesetzten Kombination aus Legierung und Herstellungsverfahren wird ein referenzierendes Bewertungskriterium unter konsistenten Konditionierungs- und Prüfbedingungen ermöglicht.

8.1   Elektrochemische Untersuchung

Mittels linearer Polarisation wurden ausgehend vom Ruhepotential das freie Korrosions-potential E_{cor} sowie die Korrosionsstromdichte I_{cor} bestimmt, um Rückschlüsse auf die Korrosionsanfälligkeit von AlSi10Mg und AlSi3,5Mg2,5 ziehen zu können.

In Bild 8-1 sind die gemessenen Stromdichte-Potential-Kurven in Abhängigkeit des Wärmebehandlungszustands aufgeführt. Es handelt sich hierbei um eine Übersichtsgrafik mit jeweils einer repräsentativen Messkurve einer Dreifachbestimmung. Dabei ist jeweils die Messung mit der geringsten Abweichung zum Mittelwert dargestellt. Die ermittelten freien Korrosionspotentiale und Korrosionsstromdichten sind in Tabelle 8-1 aufgelistet. Aufgrund der hohen Reproduzierbarkeit kann die Grafik zum qualitativen und quantitativen Vergleich herangezogen werden. Alle kathodischen Äste verlaufen horizontal, was auf eine diffusionskontrollierte kathodische Gesamtreaktion mit Grenzstromdichte zurückzuführen ist (Diffusion des Sauerstoffs zur Kathode; Nernst'sche Diffusionsschicht). Die ermittelten Stromdichten sind direkt von den Diffusionsvorgängen an der Oberfläche abhängig. Die Grenzstromdichte entspricht damit der Korrosionsstromdichte. Nach Überschreiten des Ruhepotentials beginnt mit dem Anstieg des Korrosionsstroms im anodischen Ast die aktive Metalloxidation. Der Referenzwerkstoff, AlSi10Mg aus dem Vakuum-Druckgussverfahren, zeigt mit $E_{cor} \approx$ - 494 mV die geringsten Korrosionspotentiale, gefolgt von LPBF-AlSi10Mg und AlSi3,5Mg2,5 mit dem höchsten Wert im Zustand T-HD von $\approx$ - 462 mV. Damit liegen alle getesteten Varianten quantitativ dicht beieinander, bei äußerst geringen Streuungen innerhalb der Prüfserien. Diese Homogenität spricht für eine hohe Reproduzierbarkeit in Bezug auf das Korrosionsverhalten und eine Positionsabhängigkeit im Bauraum ist nicht zu erwarten.

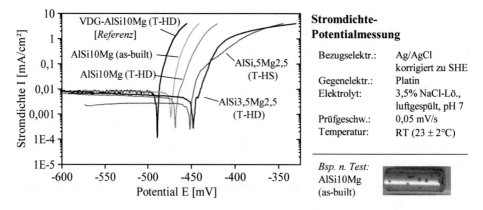

Bild 8-1:   Gemessene Stromdichte-Potential-Kurven

Sowohl die Korrosionsstromdichten mit 1,7 – 6 µA/cm² als auch die Korrosionspotentiale liegen in einem für Aluminium vergleichsweise niedrigen Bereich (unter Betrachtung der Referenzelektrode) und korrelieren mit der Literatur [LEO16, FAT18, CAB19a]. Eine erhöhte Korrosionsanfälligkeit beider Legierungen ist unabhängig des Wärmebehandlungszustands auf Basis dieser Ergebnisse nicht zu erwarten.

Tabelle 8-1:   Potentiodynamische Messung von freiem Korrosionspotential und Korrosionsstromdichte – Dreifachbestimmung aufgelistet als Mittelwert und max. absolute Abweichung (Angabe gegen SHE)

Werkstoff	WBH	E_{cor} [mV]		I_{cor} [µA/cm²]	
AlSi10Mg (VDG)	T-HD	-494	+3 / -3	6	+1 / -1
AlSi10Mg	as-built (F)	-486	+16 / -8	2	+4 / -1
AlSi10Mg	T-HD	-484	+2 / -1	6	+1 / -2
AlSi3,5Mg2,5	T-HD	-462	+10 / -21	3	+1 / -1
AlSi3,5Mg2,5	T-HS	-469	+1 / -1	1,7	+1 / -1

8.2   Klimawechselprüfung nach DIN EN ISO 11997-1

Durch die Klimawechselprüfung gemäß DIN EN ISO 11997-1 wird eine zeitraffende vergleichende Beurteilung unterschiedlicher Substrate in aggressiver chloridhaltiger Umgebung bei wechselnden Feuchte- und Trockenphasen ermöglicht. Das makroskopische vi-
suelle Erscheinungsbild der Prüfbleche ist für alle betrachteten Werkstoffzustände in Bild
8-2 durch je ein repräsentatives Prüfblech dargestellt. AlSi10Mg aus dem Vakuum-Druckgussprozess weist vermehrt flächige Korrosionserscheinungen unabhängig des Wärmebe-
handlungszustandes auf.

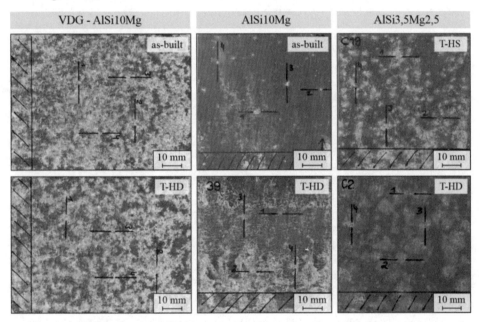

Bild 8-2:   Visueller Vergleich des makroskopischen Erscheinungsbilds der Prüfbleche nach ISO
11997-1 (gekennzeichnet sind die metallographisch auszuwertenden Korrosionsan-
griffe und nicht auszuwertende Bereiche aufgrund der Halterung im Prüfaufbau)

Bei AlSi10Mg aus dem LPBF-Prozess ist im Fertigungszustand der geringste flächenmä-
ßige Angriff bei gleichzeitig lokal regellosen singulären Korrosionserscheinungen ersichtlich. Während bei AlSi10Mg der Angriff nach Wärmebehandlung visuell ansteigt, deutet
sich ein entgegengesetztes Verhalten bei AlSi3,5Mg2,5 an. Weiterführend können durch
die metallographische Zielpräparation eine Quantifizierung der lokalen Korrosionsangriffstiefen sowie eine Analyse des Korrosionsangriffsmechanismus erfolgen. In Bild 8-3
wird ersichtlich, dass laseradditiv gefertigtes AlSi10Mg im Fertigungszustand mit durchschnittlich 52 µm die insgesamt geringsten Angriffstiefen aufweist. Durch eine Wärmebehandlung bei 380 °C für 60 min steigt die Angriffstiefe auf 87 µm an. Geringfügig darüber liegt die Referenz, AlSi10Mg aus dem Druckguss, mit 91 µm (F) bzw.

93 µm (T-HD). Für AlSi3,5Mg2,5 ist ein weiterer Anstieg auf 115 µm (T-HD) bzw. 101 µm (T-HS) zu verzeichnen. Auffällig ist, dass die Wärmebehandlung bei LPBF-AlSi10Mg einen signifikanten Einfluss auf die Angriffstiefen hat. Diese erhöhte Korrosionsanfälligkeit nach thermischer Behandlung ist kongruent zu den elektrochemischen Ergebnissen, indem die Beständigkeit durch Bildung und Agglomeration von vereinzelten Primär-Si in der Al-Matrix abnimmt. In der Simulation der Alterung über den Produktlebenszyklus durch eine vorherige Langzeit-Temperung bei 130 °C für 500 h kann ebenfalls nur bei LPBF-AlSi10Mg im Fertigungszustand ein signifikanter Einfluss erkannt werden, was wiederum auf die Reduktion der Mischkristallübersättigung und die elektrochemische Diskrepanz zwischen Si und Al-Matrix zurückgeführt wird.

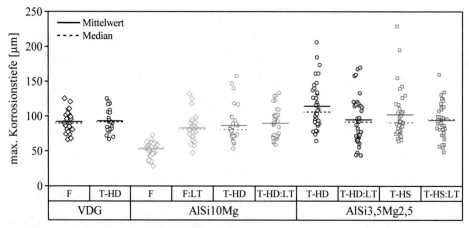

Bild 8-3:	Maximale Korrosionsangriffstiefen nach Klimawechseltest ISO 11997-1-B bei unbeschichtetem Substrat in Abhängigkeit von Herstellungsverfahren, Werkstoff und Wärmebehandlungszustand

Dass eine Teilauflösung (‚Verschwimmen') der zellulären Struktur in diesem Temperaturbereich bei Langzeiteinwirkung möglich ist, lässt sich durch die Ergebnisse von LI ET AL belegen [LI16]. Die Absolutwerte liegen indes weiterhin geringfügig unter den mittleren Angriffstiefen der weiteren analysierten Werkstoffvarianten. Die vielfach vorhandenen randnahen Poren aufgrund von Konturparametern sind in Bezug auf die Korrosion als äußerst kritisch einzustufen. Durch den Korrosionsfortschritt bis zu einer Pore eröffnet sich eine vergrößerte Ausbreitungsfläche. Je nach Anordnung der Poren kann davon ausgegangen werden, dass Spaltkorrosion durch Sauerstoffverarmung entstehen kann. In Bild 8-4 (d–e) ist beispielhaft eine Angriffsstelle mit ersichtlicher Pore dargestellt. Durch die Poren werden die mittlere Angriffstiefe und damit die Bewertung der Beständigkeit des Grundmetalls verfälscht. Die erhöhte Messwertstreuung bei den additiv verarbeiteten

Legierungen liegt teilweise darin begründet. Bei Offensichtlichkeit dieses Phänomens wurde die gemessene Angriffstiefe um den Porendurchmesser korrigiert. In Bezug auf die reale Anwendung ist diese Vorgehensweise nur zulässig, sofern die erhöhte Randporosität durch Anpassung der Konturparameter eliminiert wird.

In den lichtmikroskopischen Aufnahmen bestätigt sich für VDG-AlSi10Mg der verstärkt flächige Korrosionsangriff, gepaart mit zusätzlicher Lochkorrosion (Bild 8-4 (a)). Der vornehmliche Korrosionsangriff entlang der Schmelzspurgrenzen bei LPBF-AlSi10Mg im Fertigungszustand, wie in der Literatur mehrfach anhand von elektrochemischen Untersuchungsmethoden berichtet, lässt sich auch nach Klimawechselprüfung beobachten (Bild 8-4 (b)). Die Korrosionserscheinungen bei AlSi3,5Mg2,5 sind in beiden Wärmebehandlungszuständen von lokal tiefengängiger Lochkorrosion geprägt.

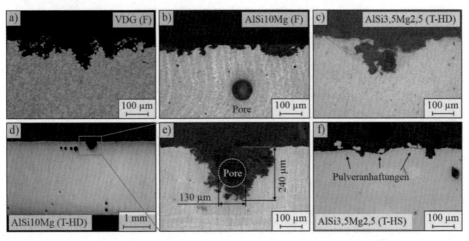

Bild 8-4:   Lichtmikroskopische Aufnahmen zur Bestimmung der Korrosionsmechanismen inklusive typischer Phänomene wie Randporosität (d–e) und Pulveranhaftungen (f)

Kritisch in Bezug auf die Bestimmung der maximalen Angriffstiefe ist die Auswertemethode der metallographischen Zielpräparation zu sehen. Durch die anwenderabhängige Festlegung der Auswertestelle und die Definition des Auswertequerschnitts in der Schliffpräparation sind zufällige Messabweichungen unumgänglich. Ein alternatives determinierendes Verfahren mit höherer Prognosegüte zur Bestimmung von Angriffstiefe und -art ist indes nicht bekannt.

8.3 Klimawechselprüfung nach VDA 233-102

<u>Grundmetall (Substrat)</u>

Die Auswertemethodik der Klimawechselprüfung nach VDA 233-102 am unbeschichteten Grundmetall ist analog zur Vorgehensweise nach ISO 11997-1. Das makroskopische Oberflächenerscheinungsbild nach zwölf Zyklen korreliert qualitativ mit den Erscheinungsformen nach ISO 11997-1 (Bild 8-2), weshalb auf eine gesonderte Darstellung verzichtet wird. Die Auswertung der lokalen Angriffe ist in Bild 8-5 aufgeführt. Bei insgesamt geringen Angriffstiefen der additiven verarbeiteten Legierungen auf vergleichbarem Niveau wie der Druckguss ist nur bei AlSi3,5Mg2,5 im Zustand T-HS eine Erhöhung auf durchschnittlich 99 µm ersichtlich.

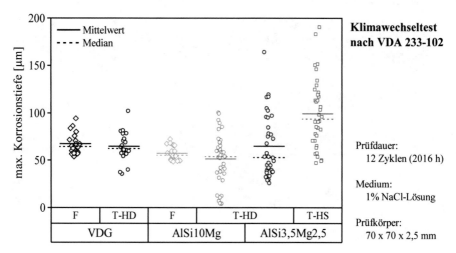

Bild 8-5:   Maximale Korrosionsangriffstiefen nach Klimawechseltest VDA 233-102 bei unbeschichtetem Substrat in Abhängigkeit von Herstellungsverfahren, Werkstoff und Wärmebehandlungszustand

Die weiteren Tendenzen sind zwischen den Prüfungen konsistent. Der Klimawechseltest nach ISO 11997-1 führte im Vergleich zum VDA 233-102 zu höheren Angriffen, was größtenteils durch die höhere Chloridkonzentration zu begründen ist. Mit zunehmender Cl-Konzentration sinkt der pH-Wert und der Korrosionsfortschritt in engen Spalten wird begünstigt [OST14]. Die Korrosionserscheinungen bei AlSi3,5Mg2,5 sind in beiden Wärmebehandlungszuständen von lokal tiefengängiger Lochkorrosion mit verstärkt variierender Tiefenausbreitung geprägt. Die Ergebnisse der elektrochemischen Messungen und Klimawechselprüfung nach DIN 11997-1 deuten darauf hin, dass sich das diskontinuierliche Mg-Si-Ausscheidungsnetzwerk im T-HS-Zustand mit erhöhter Mischkristallübersättigung ähnlich wie das Gefüge im T-HD-Zustand mit sphärodisierten Ausscheidungen und nahezu reiner α-Al-Matrix verhält. Demgegenüber zeigt der T-HS-Zustand hier nach

VDA 233-102 und IK-Prüfung (Unterkapitel 8.4) eine erhöhte Tendenz zu tiefengängiger Lochkorrosion.

Substrat mit KTL-Schichtaufbau

Durch Zielanwendungen innerhalb der Rohkarosserie sind die Applikation von bestehenden großseriellen Beschichtungsprozessen sowie das Degradationsverhalten unter Einsatzbedingungen zu bewerten. In der Klimawechselprüfung wird der für Rohkarosserieanwendungen vornehmlich eingesetzte duktilitätsoptimierte Zustand T-HD anhand von jeweils sechs Versuchsblechen (100 x 70 x 2,5 mm) untersucht. In einer ersten optischen Begutachtung der Schichthaftung und -qualität sind nach Tauchbeschichtung und anschließendem Einbrennprozess makroskopisch keinerlei Fehlstellen wie beispielsweise Blasenbildung o. Ä. zu erkennen. Anhand einer prozessbegleitenden Bestimmung des Schichtgewichts der zugrundeliegenden Phosphatschicht mittels Röntgenfluoreszenzanalyse (RFA) wird mit 3,3 g/cm^2 (AlSi10Mg) und 3,5 g/cm^2 (AlSi3,5Mg2,5) eine spezifikationskonforme Schichtbildung bestätigt (2 – 4,5 g/cm^2). Das makroskopische Erscheinungsbild der Versuchsbleche nach zwölf Prüfzyklen gemäß VDA 233-102 ist in Bild 8-6 zu erkennen.

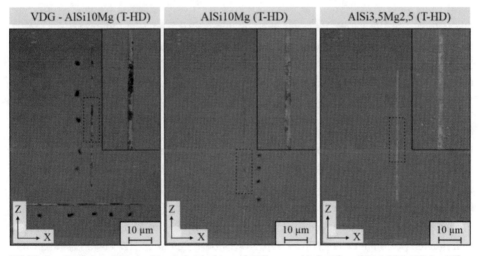

Bild 8-6:   KTL-beschichtete Versuchsbleche nach Klimawechselprüfung VDA 233-102 (zwölf Wochen)

Zur Beurteilung von Beschichtungsschäden werden nach DIN EN ISO 4628 die von der Ritzverletzung ausgehende Enthaftung d_E, die durchschnittliche Fadenlänge L_F bei Anwesenheit von Filiformkorrosion, die Flächenablösung R_i sowie bei Blasenbildung der Blasengrad und die Blasengröße bewertet. Die Enthaftung und die Korrosion am Ritz entsprechen bei allen Blechen aller drei Varianten dem niedrigsten Grad 1 (sehr gering) mit $d_E < 0,5$ mm. Ferner sind weder Anzeichen von Filiformkorrosion durch Fadenbildung noch Blasenbildung durch lokale Delamination zu erkennen. Potenzielle Einflüsse durch die Orientierung der Schichtverletzung können sowohl für den VDG als auch die additiv gefertigten Varianten ausgeschlossen werden. Bei den VDG-Versuchsblechen wurde die Ritzverletzung in und quer zur Schussrichtung appliziert, bei den additiven Varianten sind je drei Bleche mit langer Kante in XZ- bzw. XY-Richtung generiert worden. In Bezug auf die Beschichtung sind Pulveranhaftungen aus dem additiven Fertigungsprozess, die durch die Reinigungsprozesse nicht entfernt werden, besonders zu beachten. Diese können durch lokal unzureichende Lackhaftung Initiatoren osmotischer Blasenbildung sein, was sich vereinzelt bei AlSi3,5Mg2,5 mit erhöhter Rauheit und vermehrten Anhaftungen andeutete. Weiterführend sind für eine abschließende Bewertung komplexe Strukturübergänge und Hinterschneidungen mit potenziell erhöhten Restpulveranteilen zu untersuchen. Für die betrachteten ebenen Versuchsbleche kann insgesamt bezüglich Menge und Größe von Schäden nach ISO 4628-1 der Kennwert 0, d. h. keine erkennbaren Schäden, attestiert werden. Folglich ist im Allgemeinen von einer hohen Schichthaftung und einer geringen Degradation unter chloridhaltigen Umgebungsbedingungen auszugehen.

8.4   Interkristalline Korrosion

Die untersuchte Werkstoffklasse der ausscheidungshärtenden Aluminiumlegierungen ist nach der Literatur (vgl. Unterkapitel 4.3.1) vor allem bei Knetlegierungen anfällig gegenüber interkristalliner Korrosion. Im vorliegenden Fall ist der gesteigerte Anteil der Mg-Si-haltigen Phasen von AlSi3,5Mg2,5 von besonderem Interesse, da über den Einfluss dieser Ausscheidungen in der Literatur Uneinigkeit besteht.

In Bild 8-7 sind die Einzelangriffstiefen und je ein repräsentatives Schliffbild dargestellt. Bei allen untersuchten Varianten tritt nach IK-Test gemäß ASTM G110 vorwiegend Lochkorrosion auf. Vereinzelt zeigen sich lokale Auflösungen, die interkristallinen Charakter aufweisen. Diese sind bei AlSi10Mg aus dem Vakuum-Druckguss (VDG) am deutlichsten. Die geringsten Angriffe sind bei LPBF-AlSi10Mg (F) mit einem Mittelwert von 61 μm zu verzeichnen, was bedingt durch die zelluläre Si-Struktur zu erwarten war und sich in allen Prüfungen wiederfindet. Die Korrosionstiefen im T-HD-Zustand sind auffällig divergent, was einerseits durch die Potentialdifferenz (Al vs. Si) und andererseits durch die erhöhte Randporosität aufgrund der verwendeten Konturparameter begründet wird. Bei AlSi3,5Mg2,5 sind mit durchschnittlich 169 μm (T-HD) bzw. 234 μm (T-HS) zwar erhöhte Angriffstiefen vorhanden, die aber vorwiegend Lochfraßcharakter aufweisen. Eine tendenzielle Erhöhung bzw. Verringerung der IK-Anfälligkeit durch Mg-Si-Ausscheidungen ist durch die betrachteten Charakterisierungsmethoden nicht abschließend ersichtlich.

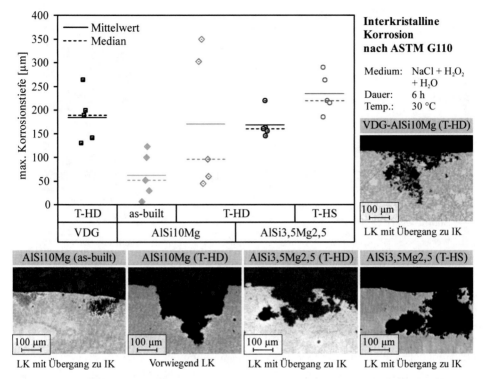

Bild 8-7: Angriffstiefen nach IK-Test (ASTM G110) inklusive exemplarischen Schliffbildern

Mithilfe von weiterführenden analytischen Untersuchungsmethoden, beispielsweise der Kelvinsondenkraftmikroskopie, könnten zusätzliche Erkenntnisse gewonnen werden. Zusammenfassend ist bei den untersuchten Werkstoffzuständen insgesamt von einer geringen Anfälligkeit gegenüber interkristallinem Angriff auszugehen.

8.5 Spannungsrisskorrosion

Für Al-Si-Mg-Legierungen aus konventionellen Herstellungsverfahren ist eine SpRK-Anfälligkeit, vor allem für Gusssysteme mit hohem Si-Anteil, nicht bekannt (vgl. Unterkapitel 4.3.2). Im Folgenden wurde für AlSi3,5Mg2,5 aufgrund der veränderten Verarbeitungsart und des ausgewogenen Mg-Si-Verhältnisses in einem bislang ungewöhnlichen Gewichtsprozentbereich die Anfälligkeit gegenüber SpRK untersucht. Auf Basis zusätzlicher Probekörper wurden zunächst die Ausgangskennwerte bestimmt (vgl. Bild 8-8) und davon abgeleitet die Prüflasten von 75 % der Dehngrenze auf 91 MPa für den Zustand T-HD und 314 MPa für T-HS festgelegt.

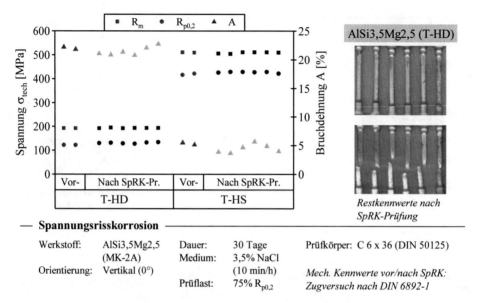

Bild 8-8:   Mechanische Kennwerte vor und nach SpRK-Prüfung von AlSi3,5Mg2,5 für die Wärmebehandlungszustände T-HD und T-HS

Die anschließende korrosive Wechselbelastung während der 30-tägigen Testphase bestehen beide Varianten ohne vorzeitigen Bruch eines Prüfkörpers. Die daraufhin ermittelten Restkennwerte sind mit den Ausgangskennwerten vergleichbar, weshalb weder von einer Anfälligkeit gegenüber wasserstoffinduzierter Spannungsrisskorrosion noch spannungsbeschleunigter interkristalliner Korrosion auszugehen ist. Bestätigend sind in metallographischen Schliffbildern keine Rissbildungen o. Ä. zu erkennen, die auf SpRK oder verstärke IK hindeuten.

8.6   Zwischenfazit – Korrosion

Prinzipiell ist für additiv erzeugte Aluminiumbauteile keine erhöhte Korrosionsanfälligkeit im Vergleich zu Komponenten aus dem Vakuum-Druckguss zu erwarten. Das ermittelte mittlere Korrosionspotential der additiv verarbeiteten Werkstoffe liegt in Abhängigkeit des Wärmebehandlungszustands zwischen $E_{cor} \approx -486\,mV$ (AlSi10Mg – as-built) und $E_{cor} \approx -462\,mV$ (AlSi3,5Mg2,5 – T-HD) und damit in einem vergleichbaren Bereich wie der Referenzwerkstoff AlSi10Mg aus dem Vakuum-Druckgussverfahren im Zustand T-HD mit $E_{cor} \approx -494\,mV$. In Klimawechselprüfungen am Grundmetall weist LPBF-AlSi10Mg im Fertigungszustand mit 52 bzw. 57 µm die geringsten Angriffstiefen auf, gefolgt von der T-HD-Variante und der Referenz aus dem Druckguss ($\approx 87 - 94$ µm). Für AlSi3,5Mg2,5 ist ein weiterer Anstieg auf 115 µm (T-HD) bzw. 101 µm (T-HS) zu verzeichnen. Während AlSi10Mg aus dem Druckguss flächige

Korrosion in Kombination mit Lochkorrosion aufweist, dominiert bei beiden additiv verarbeiteten Legierungen lokal tiefengängige Lochkorrosion. Zwischen den Klimawechselprüfungen korrelieren die tendenziellen Ergebnisse (Ausnahme: AlSi3,5Mg2,5 im Zustand T-HS). Eine Langzeitauslagerung bei erhöhten Temperaturen (130 °C/500 h) führte nur bei LPBF-AlSi10Mg im Fertigungszustand zu einer signifikanten Erhöhung der mittleren Angriffstiefe, bei absolut weiterhin niedrigem Niveau ($\approx$ 85 μm). Bei KTL-beschichtetem Substrat ist im Allgemeinen von einer hohen Lackhaftung und einer geringen Degradation unter chloridhaltigen Umgebungsbedingungen auszugehen. Nach Klimawechselprüfung gemäß Prüfzyklus VDA 233-102 trat bei beiden Werkstoffen weder eine Unterwanderung an der applizierten Schichtverletzung noch eine flächige oder lokale Delamination auf. Ferner war nach ASTM-G110 keine erhöhte Anfälligkeit gegenüber interkristalliner Korrosion, unabhängig des Wärmebehandlungszustands, beobachtbar. Bei AlSi3,5Mg2,5 ist von keiner Anfälligkeit gegenüber wasserstoffinduzierter Spannungsrisskorrosion oder spannungsbeschleunigter interkristalliner Korrosion auszugehen. Im Rahmen des Werkstofffreigabeprozesses wird die Prinziptauglichkeit als erfüllt betrachtet. Zur Integration in das Fahrzeuggesamtkonzept sind in der anschließenden Konzepttauglichkeitsphase weitere Untersuchungen mit gefügten artgleichen und artfremden Werkstoffen vorzusehen.

9 Methodische Werkstoffentwicklung für eine erweiterte Serienintegration

9.1 Methodischer Entwicklungsprozess für metallische AM-Werkstoffe

Die mangelnde Verfügbarkeit von serienqualifizierten, kostengünstigen und applikationsabhängig konfektionierbaren metallischen Werkstoffsystemen stellt derzeit ein großes Hindernis für die fortschreitende Etablierung der additiven Fertigung als seriengeeignetes Urformverfahren für automobile Komponenten dar (vgl. Kapitel 2). Folglich besteht ein gesteigerter Bedarf zur Entwicklung verfahrensspezifischer Werkstoffsysteme unter Betrachtung der gesamten Herstellungsprozesskette sowie der Anwendungscharakterisierung unter automobilen Zielvorgaben. Umfangreiche zeitintensive Absicherungsprozesse, die in der klassischen Großserienentwicklung üblicherweise bis sechs Jahre dauern, stellen für neue, sich dynamisch entwickelnde Technologien wie die additive Fertigung eine innovationslimitierende Eintrittsbarriere dar. Während einige Automobilhersteller zur beschleunigten Adaption bereits punktuell umfangsreduzierende Ausnahmen zulassen [SIE21c], sind für die branchenumfassende, weitreichende Implementierung universelle Standardisierungs- und Normierungsaktivitäten, neue F&E-Methodiken sowie veränderte Innovationsprozessmodelle erforderlich. Für den Erfolg zukünftiger Werkstoffentwicklungsprojekte sollten diese Bestrebungen eine frühzeitige Risikominimierung, eine Reduktion des experimentellen Aufwands sowie einen beschleunigten Ablauf fördern.

Der Grad der frühzeitigen Risikominimierung ist durch das gewählte Innovationsprozessmodell und die damit verbundenen Methodiken, Handlungsweisen und Projektbeteiligten bestimmt. GLEISS [GLE21] weist darauf hin, dass kein Innovationsprozessmodell auf alle Arten von Innovationsprojekten anwendbar sei, sondern vielmehr Flexibilität und situative Anpassungen an sich verändernde Randbedingungen ermöglicht werden müssten. Für radikale Innovationsprojekte von physischen Gütern mit großer Unsicherheit und hohem experimentellen Aufwand schlagen COOPER UND SOMMER [COO16] das *Agile-Stage-Gate-Hybrid-Modell* vor. In diesem Ansatz sollen agile Entwicklungsmethoden aus der Softwareentwicklung mit bekannten, etablierten und ihrerseits berechtigten Stage-Gate-Modellen der physischen Produktentwicklung kombiniert werden, um somit die Vorzüge beider Ansätze nutzen zu können. Unteren anderem soll der inhärenten Unsicherheit radikaler Innovationsprojekte durch frühzeitiges Kundenfeedback anhand von kontinuierlich erstellten Produktmustern begegnet werden und veränderte Anforderungen und Einschränkungen sollten frühzeitig erkannt sowie implementiert werden [COO16, GLE21]. Das ursprünglich ebenfalls von COOPER [COO02] entwickelte Stage-Gate-Modell ist eine

A. Lutz, *Methodische Werkstoff- und Prozessentwicklung für die additive Serienproduktion von automobilen Strukturkomponenten*, Light Engineering für die Praxis, https://doi.org/10.1007/978-3-662-66532-9_9

erweiterte Form der Meilensteintechnik und hat sich in der Automobilindustrie über Quality Gates oder ähnliche Begrifflichkeiten im Produktentstehungsprozess etabliert.

Der in Unterkapitel 2.1 vorgestellte Werkstofffreigabeprozess folgt in weiten Teilen diesem Stage-Gate-Ansatz und besitzt über die Prinzip-/Konzept-/Serientauglichkeit eindeutig abgegrenzte Phasen und Quality Gates. Diese Vorgehensweise bewährte sich für inkrementelle Innovationen, bei denen bereits eine breite Wissens- und Vergleichsgrundlage innerhalb der verwendeten Werkstoffe und Technologien vorlag. Im Zuge rasant verkürzter Innovationszyklen und einer weiteren Diversifizierung der Produktionsstrategien müssen die bestehenden Prozesse modifiziert und damit adaptiver, flexibler und kosteneffizienter werden. Eine singuläre Reduktion des Betrachtungs- und Absicherungsumfangs widerspricht der unentbehrlichen Entwicklungsintegrität zur Vermeidung teurer und imageschädigender Gewährleistungsansprüche und Rückrufe.

Den größten Hebel zur Reduktion von zeit- und kostenintensiven experimentellen Analysen können simulationsbasierte Prognose- und Absicherungsmethodiken bieten. Unter dem Oberbegriff ‚Integrated computational material engineering', kurz ICME, entwickelten sich in den letzten Jahrzehnten skalenübergreifende Ansätze und Methoden zur Verknüpfung von Materialentwicklung, Fertigungsprozessen und Produktentwicklung, durch die konventionelle Herstellungstechniken und Werkstoffinnovationsprojekte bereits einzigartig unterstützt werden können. Zum Adaptionsgrad im Bereich metalladditiver Verfahren geben HASHEMI ET AL [HAS21] eine Zusammenfassung über den Wissensstand zur computergestützten Modellierung von *Prozess-Struktur-Eigenschaft-Performance*-Zusammenhängen. KOURAYTEM ET AL [KOU21] vergleichen physikbasierte gegenüber phänomenologisch-datenbasierten Ansätzen. Mit Bild 9-1 wird in Anlehnung an MOTAMAN ET AL [MOT20] ein Überblick über einen typischen mehrskaligen ICME-Ablauf inklusive vernetzenden Simulationsmethoden gegeben.

In der Legierungsvorauswahl existieren nach ENGSTRÖM ET AL [ENG19] durch die prozessinhärenten hohen Abkühlraten und den zyklischen Wärmeeintrag verbleibende Herausforderungen in der Prognose von Heißrissbildung, globalen und lokalen Ausscheidungscharakteristika, der Art und Eigenschaften metastabiler Phasen u. v. m., weshalb hierzu weiterer Forschungsbedarf besteht. Übereinstimmend befinden sich nach ACKERS ET AL [ACK21] ausschließlich modellbasierte Ansätze zur Auswahl eines optimalen Legierungsdesigns für das LPBF-Verfahren derzeit noch außer Reichweite. Verschiedene in der Literatur beschriebene experimentelle Ansätze für ein schnelles Legierungsdesign seien ebenfalls unzureichend, da sie die spezifischen Bedingungen des LPBF-Prozesses nicht vollständig nachbilden könnten, weshalb ein hybrider Ansatz notwendig sei. KOTADIA ET AL [KOT21] betonen, dass sich viele Herausforderungen durch numerische Simulationen, digitale Zwillinge, maschinelles Lernen sowie intelligente Überwachungs- und

Steuerungssysteme bewältigen lassen würden. Schlussendlich seien aber eine durchdachte Kombination von Versuch und Simulation sowie die Erstellung einer zugänglichen, verlässlichen Datenbank für alle Beteiligten von Vorteil und würden vielfache ‚Trial-and-error'-Ansätze deutlich reduzieren. Innerhalb der Prozesssimulation ist zwischen der Mikro- und Mesoebene zur Simulation der lokalen Schmelzbadbedingungen und der Makroebene zur Prognose von Eigenspannungen und Verzug auf Bauteilebene inklusive Optimierung von Komponentenorientierung und Stützstruktur zu unterscheiden. Die Simulation der Anwendungsbedingungen (Crash, Korrosion, Betriebsfestigkeit, Fügen) ist aus den großserienüblichen Methodiken entlehnt, wozu harmonisierend zugehörige Schnittstellen für Materialmodelle und Bauteilinformationen (Verzug, Oberflächenbeschaffenheit etc.) zu generieren sind.

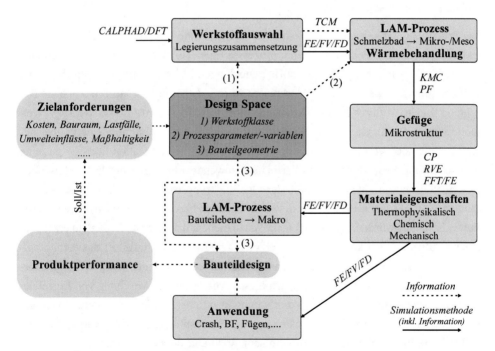

Bild 9-1:   Überblick über einen typischen mehrskaligen ICME-Ablauf inklusive vernetzenden Simulationsmethoden in Anlehnung an MOTAMAN [MOT20] (Begriffserläuterungen im Abkürzungsverzeichnis)

In Anlehnung an den eingangs vorgeschlagenen Agile-Stage-Gate-Hybrid-Ansatz in Kombination mit dem bestehenden Werkstofffreigabeprozess sowie AM- und ICME-spezifischen Aspekten wird in Bild 9-2 ein möglicher Ansatz für eine modifizierte Werkstoffinnovations- und Absicherungsmethodik aufgezeigt. Die frühe Phase der Anforderungsdefinition verläuft kongruent zu etablierten Vorgehensweisen und definiert die adressierte Produktgruppe, grenzt den Betrachtungsumfang ein und spezifiziert die Produkt- sowie

Anwendungsmerkmale, was abschließend in einem Material- und Produktlastenheft mündet. Abweichend sollen als Vorstufe in der Werkstoffauswahl (V) einschränkende Vorauswahlkriterien wie etwa Zielkorridore mechanischer Eigenschaften und eine explizit begrenzte Anzahl anwendungskritischer Merkmale identifiziert werden. Bei vorzugsweise beschränktem experimentellem Aufwand können diese in initialen Validierungsphasen (VIII) belastbare Indikatoren in der Risikobewertung darstellen. Beispielsweise führten im *CustoMat3D*-Projekt neben LAM-spezifischen Verarbeitungsaspekten die Merkmale ‚Biegewinkel' und ‚Spannungsrisskorrosionsanfälligkeit' zur Auswahl der in dieser Arbeit weiter betrachteten Legierung AlSi3,5Mg2,5MnZr. Die Vorauswahl möglicher Legierungssysteme (VI) inklusive Prognose thermophysikalischer und mechanischer Werkstoffeigenschaften sollte im Zielbild, wie bei konventionellen Herstellungstechniken, simulationsgestützt erfolgen.

Die Prinziptauglichkeitsphase (PT) stellt die zumeist längste und in Bezug auf den Projekterfolg kritischste Phase dar. Deren prozessseitigen Teileelemente der Materialqualifizierung (VII) stehen bei AM-Werkstoffentwicklungen bislang vielfach im Vordergrund, während anwendungsspezifische Merkmale (Stufe VII) häufig erst auf Bauteilebene Beachtung finden, wodurch die Projektrisiken erhöht werden. KOTADIA ET AL [KOT21] weisen in ihrer Literaturanalyse zum Laserstrahlschmelzen von Aluminiumlegierungen speziell auf die noch vermehrt notwendige frühe und enge Kollaboration über die gesamte Wertschöpfungskette (Pulverhersteller bis Endanwender) hin, um Forschungsaktivitäten zielorientiert auszurichten. Innerhalb der Qualifizierungsroute in Stufe VII merken BECKERS UND GRAF [BEC19] an, dass in vielen Projekten bereits zu Beginn größere Mengen Pulver beschafft würden, die im Erfolgsfall dazu dienen, das gesamte Bauteil zu erzeugen. Kleine Pulverchargen könnten neben der verkürzten Bereitstellungszeit das technologische und wirtschaftliche Risiko deutlich minimieren und eine agile, iterative Analyse fördern. ACKERS ET AL [ACK21] erweitern diesen Ansatz um die Mischung von Einzelelementpulvern und deren synchrone Verarbeitung in zylinderförmigen Strukturen innerhalb einer Baukammer. Speziell in dieser Prinziptauglichkeitsphase könnte das vorgeschlagene agil-hybride Innovationsmodell vorteilig sein. Während im agilen Ansatz mit ‚plan and build on the fly with fast loops' innerhalb der PT-Phase eine flexible Mikroplanung erlaubt wird, gibt der Stage-Gate-Ansatz einen makroskopischen Planungsrahmen mit konkreten Leitlinien und notwendigen Reifegraden vor.

Die Konzepttauglichkeit (KT) stellt einen Zwischenschritt zwischen standardisierten Prüfkörpern und komplexen Bauteilgeometrien in Baugruppenverbünden dar. Prozessseitig kann die Prozesssimulation auf Makroebene anhand komplexer Strukturen validiert werden und auch die Prozessfähigkeit (Reproduzierbarkeit, Homogenität etc.) kann analysiert werden.

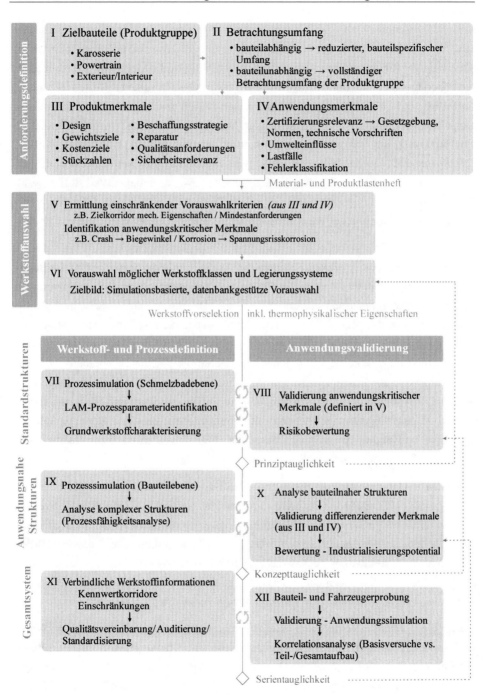

<u>Bild 9-2:</u> Ansatz für einen modifizierten Innovations- und Absicherungsablauf für zukünftige AM-Werkstoffentwicklungen im Automobilbau

Anwendungsseitig ist eine Validierung anhand repräsentativer oder analyseeffizienter Strukturen möglich, was in der vorliegenden Arbeit beispielsweise über die Deformation dünnwandiger Rohrstrukturen repräsentiert ist. Vorteilig ist die Möglichkeit zur Eliminierung überlagernder Phänomene, im Gegensatz zur Analyse in späteren Bauteilverbünden. Zusätzlich sind eine Validierung der erwarteten Differenzierungsmerkmale sowie eine vergleichende Risikoanalyse zu bestehenden Lösungen notwendig, wodurch konsekutiv eine Bewertung des Industrialisierungspotentials anhand der vier Leitkriterien *Qualität, Zeit, Kosten* und *Nachhaltigkeit* ermöglicht wird. Bei negativer Bewertung besteht die Option zur Rückkehr in vorherige Tauglichkeitsphasen bzw. zur initialen Werkstoffauswahl. Situativ sind notwendige Iterationen zwischen Werkstoff- und Prozessdefinition sowie Anwendungsvalidierung auf Basis der vorherigen Quality-Gate-Dokumentation festzulegen.

Die Phase der Serientauglichkeit bestimmt sich prozessseitig durch die statistische Bestätigung vorherig ermittelter Werkstoffinformationen sowie deren verbindliche Fixierung in Qualitätsvereinbarungen und Liefervorschriften (XI). Anwendungsseitig sichern Erprobungen am Gesamtsystem die Bauteileigenschaften ab und ermöglichen eine Validierung der Simulationsprognosen, was final in einer rückgreifenden Korrelationsanalyse mit den Basisversuchen an Standardprüfkörpern endet. Durch die erhöhte Technologie- und Produktkomplexität am Gesamtsystem und eine Vielzahl an beteiligten Fachabteilungen des Automobilherstellers inklusive Koordination mit Pulverherstellern und Fertigungsdienstleistern ist eine längerfristige Planung mit klaren Informations- und Kommunikationsstrukturen notwendig, weshalb der klassische ‚Plan-driven'-Ansatz der traditionellen ‚Stage-Gate'-Methodik vorteilhaft erscheint.

Durch die Implementierung des Agile-Stage-Gate-Hybrid-Ansatzes konnte nach COOPER UND SOMMER [COO18] bei mehreren großen internationalen Produktherstellern eine durchschnittliche Verkürzung der Markteinführungszeit von etwa 30 % im Vergleich zu traditionellen Gate-Methoden erzielt werden. Typische anfängliche Adaptionshürden seien indes die Vereinbarkeit beider Ansätze durch bestehende organisatorische Beschränkungen, fehlendes Vertrauen der Unternehmensführung, unzureichende Ressourcenallokation und fehlendes Training zur Implementation veränderter Vorgehensweisen.

Durch die Vielzahl interner und externer Interdependenzen des automobilen Werkstoffentwicklungs- und Absicherungsprozesses ist eine Transformation und Verschlankung gleichfalls in einem mittel- bis längerfristigen Horizont zu sehen. In Verbindung mit den beschleunigenden digitalen Methoden des ICME-Ansatzes könnten indes schnelle Entwicklungszyklen zur Innovations- und Wettbewerbsfähigkeit aller beteiligten Partner beitragen.

9.2   Handlungsempfehlungen zur erweiterten Serienintegration

Das pulverbettbasierte Laserstrahlschmelzen kann die Leistungsmerkmale einer automobilen Mittel- bis Großserienproduktion hinsichtlich Taktzeiten, Stückzahlen, Qualität und Wirtschaftlichkeit derzeit noch nicht erreichen [CAV17, MEI18, SIE21c], wodurch eine kurzfristige, weitreichende Marktdurchdringung im Bereich des Karosseriebaus und der Antriebstechnologie (Powertrain) erschwert wird. Im Kleinseriensegment, bei kundenindividuellen Sonderaufbauten und im Ersatzteilgeschäft kann der LPBF-Prozess aber bereits heute eine wirtschaftliche Alternative darstellen, weshalb zur erweiterten Serienintegration folgende Handlungsempfehlungen gegeben werden:

- **Materialmodelle:** Erstellung und Validierung von Materialkarten (vgl. Unterkapitel 7.3) für weitere bereits vorhandene Werkstoffe und Wärmebehandlungszustände.

- **Limitierte Anzahl versatiler Werkstoffe:** Entgegen der vielfach geforderten Erweiterung der Materialpalette könnte eine geringe Anzahl, dafür aber serienqualifizierter Werkstoffe ein pragmatischer Ansatz für eine erweiterte initiale Einsatzfähigkeit sein. Jeder neue Werkstofftyp bedingt den vorgestellten herstellerseitigen Freigabeprozess, bevor er für Neukonstruktionen zulässig ist. Versatil konfektionierbare Materialien könnten kostenintensive Qualifizierungen reduzieren und zugleich ein breites Bauteilspektrum abdecken. Beispielhaft ist die vorgestellte AlSi3,5Mg2,5-Legierung [LUT21] zu nennen, deren Eigenschaftsportfolio durch nachträgliche Wärmebehandlung sowohl hochfeste Schmiedeteile im Powertrain, wie den in Bild 9-3 dargestellten Radträger, als auch zähe Karosseriekomponenten, wie den stellvertretend gezeigten hinteren Federbeindom, abdecken kann.

- **Steigerung des Produktwerts**, d. h. Bauteile und Baugruppen mit hohem Wertschöpfungsanteil: Entgegen der Substitution einzelner Komponenten kann durch die Integralbauweise und damit die Fusion mehrerer Bauteile eine Produktwertsteigerung bei gleichzeitig erhöhtem Leichtbaupotenzial ermöglicht werden. Eine wirtschaftliche Fertigung kann sich durch die reduzierte Bauteilanzahl, einhergehend mit verringertem Prüf-, Füge-, Montage- und Logistikaufwand, ergeben.

- **Wirtschaftliche Skalierung:** Wirtschaftliche Skalierung über die gesamte Herstellungskette durch prozessseitige Produktivitätssteigerung (Erhöhung von Laseranzahl, -leistung, höhere Schichtdicken etc.) sowie teil- bzw. vollautomatisierte Produktionslinien (Pre-Print-Post-Processing) zur Reduktion manueller Tätigkeiten.

- **Nachhaltigkeit:** Bei der primären Auswahl der Werkstoffe und deren Legierungselemente sollten kritische Rohstoffe möglichst vermieden werden. Deren Anzahl stieg in der EU bereits von 14 Materialien im Jahr 2011 auf 30 Materialien im Jahr 2020 [EUR20], was die zunehmende Kritikalität in der globalen Ressourcenverfügbarkeit und die derzeitige Versorgungsabhängigkeit von wenigen Herkunftsländern widerspiegelt. Neben der Substitution könnte eine erhöhte zirkuläre Ressourcennutzung spezifische Materialien weiterhin ermöglichen und über eine hohe Recyclingquote zugleich ein integraler Bestandteil des Übergangs zu einer klimaneutralen Wirtschaft sein [EUR20]. Ferner kann der ökologische Fußabdruck der LPBF-Technologie durch hohe Ausbringungsmengen je Pulververdüsung und hohe Pulvernutzungsgrade – durch geeignete Siebung und Prozessführung – weiter reduziert werden.

- **Standardisierung/Normung:** Entwicklung normativer AM-Standards für die Automobilindustrie z. B. durch Ergänzung bestehender Richtlinien (z. B. VDI 3405, ISO 52901, ISO 52920) um automobile Anforderungskriterien sowie verbindliche Prüf- und Dokumentationsrichtlinien.

- **Prozessüberwachung:** Zur Vermeidung kostenintensiver fehlerhafter Fertigungsaufträge sind Indikatoren für einen robusten Produktionsprozess (Konstanz von Strahlkaustik, Schutzgasströmung u. a.) automatisiert zu überwachen („machine-monitoring') und im Sinne einer prädikativen Instandhaltung zu bewerten.

- **Bauteilintegrität:** Entwicklung prozessseitiger Einfluss- und Kontrollmechanismen sowie Definition notwendiger und zulässiger Korrekturmaßnahmen zur Sicherstellung homogener Bauteileigenschaften („in-situ part monitoring and adjustment').

- **Funktionale Strukturen:** Erarbeitung von prozessseitigen Einflussmöglichkeiten zur Generierung von funktional gradierten Materialeigenschaften, z. B. zur Optimierung des Energieabsorptionsverhaltens als Ergänzung zu konstruktiven Optionen (vgl. ISO 52912:2020).

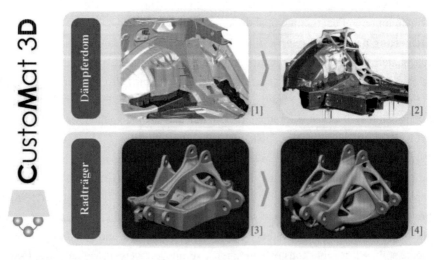

Bild 9-3:   Demonstratorbauteile im Verbundprojekt *CustoMat3D* (Bildquelle: [1,3,4] Mercedes-Benz AG, [2] EDAG Engineering GmbH [CAB20])

10 Zusammenfassung und Ausblick

Durch die fortschreitende Industrialisierung der additiven Fertigungstechnologien von Metallen wurden in den letzten Jahren erste Serienanwendungen in anspruchsvollen Industriezweigen wie der Luftfahrt und dem Automobilbau ermöglicht. Insbesondere der pulverbettbasierte Laserstrahlschmelzprozess eignet sich für Komponenten mit hoher geometrischer Komplexität aufgrund der endkonturnahen Formgebung mit einer hohen Detailauflösung. Diese Eigenschaften sind für den automobilen Karosseriebau besonders interessant, da dieser durch eine steigende Produktvielfalt und länderspezifische Vorgaben einer zunehmenden Diversifizierung ausgesetzt ist. In Kombination mit Leichtmetallen wie Aluminium könnten variantenreiche, lastpfadoptimierte Leichtbaukomponenten stückzahlunabhängig generiert werden.

Die bisherigen anwendungsbezogenen Forschungs- und Entwicklungsaktivitäten im Bereich aluminiumbasierter Legierungssysteme zielten in der Werkstoff- und Prozessauslegung meist auf eine hohe Festigkeit, hohe Dichte sowie einen geringen Verzug und adressierten zumeist Bauteile mit hohen Festigkeitsanforderungen. Hauptnachteile waren vielfach eine geringe Duktilität und daraus folgend ein sprödes Versagensverhalten. Für die Erweiterung des Einsatzspektrums auf Strukturkomponenten als Teil der Rohkarosserie ist ein hohes Umform- und Deformationsvermögen notwendig. Mit der vorliegenden Arbeit sollte daher eine systematische Grundlage zur Einsatzfähigkeit bestehender und neuartiger LPBF-Aluminiumlegierungen für automobile Karosserieanwendungen geschaffen werden. Der Schwerpunkt lag dabei insbesondere auf der Einsatzfähigkeit in crashbelasteten Anwendungsfällen und auf den Auswirkungen von korrosiven Umgebungsbedingungen auf das Werkstoffverhalten. Ferner sollten Ansätze und Möglichkeiten identifiziert werden, die eine agile Werkstoffinnovations- und Absicherungsmethodik fördern und zukünftige automobile AM-Werkstoffentwicklungen flexibel und ressourceneffizient unterstützen könnten.

Werkstoffcharakterisierung

Anhand einer umfassenden Werkstoffcharakterisierung konnten die grundlegenden Ursache-Wirkungs-Beziehungen zwischen vorliegenden Gefügemorphologien und makroskopischen Eigenschaften erarbeitet werden. Zunächst wurde auf Basis quasistatisch-mechanischer Kennwerte (R_m, $R_{p0.2}$, A, α) die Anpassungsfähigkeit der betrachteten Legierungen AlSi10Mg und AlSi3,5Mg2,5 auf karosseriespezifische Anforderungsprofile mittels thermischer Nachbehandlung erörtert. Notwendige Kenntnisse über die jeweilige legierungsspezifische Phasenumwandlungs- und Ausscheidungskinetik zur Auslegung geeigneter Wärmebehandlungsmethoden konnten durch die Methode der Wärmestrom-Differenzkalorimetrie gewonnen werden. Die Analyse des initialen Fertigungszustands ergab,

dass bereits geringfügige Änderungen der Maschinenkonfigurationen und Fertigungsparameter zu signifikanten Veränderungen der initialen Gefügemorphologien führen können. Diese differierenden Aushärtungszustände bedingen eine Variation der Ausgangskennwerte, die durch die konsekutive Wärmebehandlung meist nicht vollständig zu elimi-
nieren ist. Grundsätzlich bietet AlSi3,5Mg2,5 im Vergleich zu AlSi10Mg im Fertigungszustand höhere Festigkeitskennwerte, was maßgeblich durch eine hohe Mg-Si-
Ausscheidungsrate zu begründen ist. Bezeichnend ist der Unterschied der Dehngrenze mit
bis zu $\approx$ 406 MPa für AlSi3,5Mg2,5 im Vergleich zu $\approx$ 242 MPa für AlSi10Mg, bei gleichzeitig höherer Bruchdehnung von 8,6 % gegenüber 6,5 %. Durch hochauflösende TEM-
Aufnahmen in Verbindung mit linien- und bereichsauflösenden EDX-Analysen konnte
belegt werden, dass AlSi10Mg im Fertigungszustand eine metastabile Mikrostruktur aus
stark übersättigtem α-Al-Mischkristall, umgeben von einem kontinuierlichen Si-Netzwerk, besitzt. AlSi3,5Mg2,5 hingegen weist neben der übersättigten primären Zellstruktur
einen diskontinuierlichen Zellgrenzenbelag unterschiedlichster Mg-Si-Phasen mit variierender Morphologie und Größe auf.

Das höchste Verformungsvermögen wird für beide Legierungen mit einer einstufigen
Wärmebehandlung bei 380 °C für 60 min (T-HD) erzielt, wobei die Gefügeveränderungen
vergleichbar sind. Durch Abnahme des Übersättigungszustands reduziert sich die Mischkristallverfestigung, einhergehend mit einer Agglomeration und Sphärodisierung der Sekundärphasen. Mit zunehmendem Abstand zwischen den Partikeln nimmt die Behinderung der Versetzungsbewegung unter mechanischer Last ab, was in einem Abfall der Festigkeit und einer Zunahme der Duktilität durch die weiche Al-Matrix resultiert. Das Lastverteilungsverhalten zwischen den vorliegenden Phasen während uniaxialer Zugbelastung
konnte über begleitende diffraktometrische Analysen (Röntgen- und Neutronenbeugung)
bestimmt werden. In Bezug auf die karosseriespezifischen Anforderungsprofile kann
AlSi10Mg die Ausführungsvarianten des Kokillengusses erfüllen. Für die Varianten anderer Herstellungsverfahren ist entweder das Festigkeitsniveau bei erhöhter Duktilität zu
gering oder umgekehrt. AlSi3,5Mg2,5 kann im Bereich erhöhter Festigkeit das Profil
hochfester Schmiedeteile erreichen und im Bereich hoher Duktilität festigkeitsreduzierte
Druckgussbauteile ersetzen.

Crash

Im Rahmen der Crashcharakterisierung konnte nachgewiesen werden, dass AlSi3,5Mg2,5
nach duktilitätsorientierter Wärmebehandlung T-HD prinzipiell für crashbelastete Anwendungsfälle geeignet ist, während bei AlSi10Mg die notwendige Strukturintegrität nach
großen Deformations- bzw. Umformungsvorgängen nicht mehr gegeben ist. Grundsätz-
lich konnte für beide Werkstoffe über einen weiten Dehnratenbereich von $\dot{\varepsilon}$ = 4,7·10⁻³ bis
250 s⁻¹ nur eine moderate Abhängigkeit der mechanischen Kennwerte von der Belastungsgeschwindigkeit beobachtet werden. Während die Zugfestigkeit jeweils um $\approx$ 10 % und

die technische Bruchdehnung um $\approx 10\ \%$ (AlSi3,5Mg2,5) bzw. $\approx 15\ \%$ (AlSi10Mg) ansteigt, sind keine Veränderungen in der Fließgrenze zu ermitteln. In Kombination mit lokal aufgelösten Zugversuchsdaten zum Schädigungs- und Versagensverhalten während unterschiedlicher Belastungsarten (Kerb- und Scherbelastung) konnte anschließend ein serienübliches berechnungseffizientes Materialmodell experimentell parametrisiert und validiert werden. Folglich steht für beide Legierungen ein Werkstoffmodell zur Verfügung, das die Absicherung vielfältiger Lastfälle in der Karosserieentwicklung zulässt. Außerdem kann es die numerische Auslegung und Parametrisierung von Fügetechnologien unterstützen, was bis anhin aufgrund fehlender Materialmodelle nicht möglich war. Durch die Betrachtung von karosserieüblichen dünnwandigen Strukturen unter quasistatischer und hochdynamischer Stauchbelastung können das Energieabsorptionsvermögen sowie das Faltungs- und Rissverhalten beurteilt werden. Anhand der Kombination der Versuche wird die eingangs getroffene Aussage zur prinzipiellen Einsatzfähigkeit in crashbelasteten Anwendungen ermöglicht. Eine abschließende Beurteilung setzt allerdings eine höhere statistische Absicherung bei gesteigerter Reproduzierbarkeit der Material- und Bauteilqualität und karosserienahe Teilaufbauten voraus. Folglich besteht hier weiterer Forschungsbedarf.

Korrosion
Eine deutlich erhöhte Korrosionsanfälligkeit der additiv verarbeiteten Legierungen im Vergleich zu AlSi10Mg aus dem Vakuum-Druckguss ist auf Basis durchgeführter elektrochemischer Untersuchungen, Klimawechseltests und Immersionsprüfungen tendenziell nicht zu erwarten. Während als Referenz AlSi10Mg aus dem Vakuum-Druckguss vorwiegend flächige Korrosion in Kombination mit Lochkorrosion aufweist, dominiert bei beiden additiv verarbeiteten Legierungen zumeist lokal tiefengängige Lochkorrosion. Die höchste Korrosionsbeständigkeit weist LPBF-AlSi10Mg im Fertigungszustand auf, was durch das kontinuierliche Si-Netzwerk und damit eine Kontaktverhinderung zwischen Al-Matrix und Elektrolyt zu begründen ist. Selektive Lochkorrosion bildet sich zumeist entlang den Schmelzspurgrenzen (Wärmeeinflusszone) aus, wo durch wiederholte Temperaturbelastung die Si-Netzwerkstruktur teilweise geschwächt ist. Durch die Wärmebehandlung nehmen die Angriffstiefen grundsätzlich zu, wobei die Anfälligkeit ebenfalls vorwiegend an die Si-Morphologie sowie verbleibende Mischkristallübersättigung gekoppelt ist und auf die elektrochemische Diskrepanz zwischen Si und Al-Matrix zurückgeführt werden kann. Die Mittelwerte der maximalen Korrosionstiefen nach Klimawechseltests liegen bei beiden Werkstoffen für die untersuchten Zustände auf vergleichbarem Niveau wie die Referenz aus dem serienüblichen Vakuum-Druckgussprozess. Kritisch in Bezug auf Korrosionsangriffstiefe und -fortschritt sind randnahe Poren, die entweder durch Politur oder einsetzenden Angriff freigelegt werden können. Durch Sauerstoffverarmung in den Poren kann Spaltkorrosion auftreten.

Bei KTL-beschichtetem Substrat ist im Allgemeinen von einer hohen Lackhaftung und geringen Degradation unter chloridhaltigen Umgebungsbedingungen auszugehen. Bei beiden Werkstoffen konnte im T-HD-Zustand weder Unterwanderung an der applizierten Schichtverletzung noch flächige oder lokale Delamination nach Klimawechselprüfung gemäß VDA233-102 makroskopisch beobachtet werden. Während diese Resultate vielversprechend in Bezug auf die Serienfähigkeit sind, sollten ausblickend noch unterschiedliche Materialpaarungen in Kombination mit den eingesetzten Fügetechnologien untersucht werden.

Einsatzfähigkeit in der automobilen Serienfertigung
Zusammenfassend ist festzuhalten, dass die Herstellung von automobilen Strukturkomponenten mit mittleren Duktilitäts- und mäßigen Festigkeitsanforderungen aus technischen Gesichtspunkten grundsätzlich möglich ist und der pulverbettbasierte Laserstrahlschmelzprozess bestehende Fertigungstechnologien ergänzen kann. Aus ökonomischer Sicht sind diese Anwendungen derzeit vorwiegend im Bereich kundenindividualisierter Aufbauten, Kleinserien und im Ersatzteilmarkt für Baureihen mit unzureichender Endbevorratung zu sehen. Während durch AlSi3,5Mg2,5 im Vergleich zu AlSi10Mg eine Aufweitung des adressierbaren Bauteilspektrums sowohl in Richtung hoher Festigkeit als auch erhöhter Duktilität möglich ist, sind in Bezug auf anspruchsvolle Anforderungsprofile weitere anwendungsspezifische Werkstoffe, ggf. unter Verlust dieser hohen Spreizung, zu entwickeln. Zu Gunsten einer weiteren Implementierung und Integration der Technologie in die automobile Mittel- und Großserie sind die Entwicklungsfelder Produktivität, Reproduzierbarkeit sowie Kostenstruktur der gesamtheitlichen Prozesskette weiter zu adressieren.

Werkstoffinnovations- und Absicherungsmethodik
Umfangreiche, zeit- und kostenintensive Absicherungsprozesse, die in der klassischen automobilen Großserie bis zu sechs Jahre dauern, stellen für neue, sich dynamisch entwickelnde Technologien wie die additive Fertigung eine innovationslimitierende Eintrittsbarriere dar. Demgegenüber wird abgeleitet von bestehenden Gate-basierten Absicherungs- und Freigabeprozessen ein auf einem *Agile-Stage-Gate-Hybrid-Konzept* basierender modifizierter Ansatz vorgeschlagen, der in Kombination mit simulationsgestützten Methodiken der modernen Werkstoffforschung, zukünftige automobile AM-Werkstoffentwicklungen ressourceneffizient unterstützen könnte. Durch die Vielzahl interner und externer Interdependenzen des Absicherungsprozesses und der unentbehrlichen Entwicklungsintegrität zur Sicherstellung einer hohen Produktqualität über den gesamten Lebenszyklus, ist eine Transformation und Verschlankung gleichfalls in einem mittel- bis längerfristigen Horizont zu sehen. Agile Zusammenarbeitsformen in Verbindung mit den beschleunigenden digitalen Methoden könnten indes schnelle Entwicklungszyklen erlauben und zur Innovations- und Wettbewerbsfähigkeit aller Beteiligten beitragen.

Literaturverzeichnis

[ABO14]   ABOULKHAIR, Nesma T.; EVERITT, Nicola M.; ASHCROFT, Ian; TUCK,
          Chris: *Reducing porosity in AlSi10Mg parts processed by selective laser
          melting*. In: *Additive Manufacturing* 1-4 (2014), S. 77–86.
          DOI:10.1016/j.addma.2014.08.001

[ABO15]   ABOULKHAIR, Nesma T.; TUCK, Chris; ASHCROFT, Ian; MASKERY, Ian;
          EVERITT, Nicola M.: *On the Precipitation Hardening of Selective Laser
          Melted AlSi10Mg*. In: *Metallurgical and Materials Transactions A* 46
          (2015), Nr. 8, S. 3337–3341. DOI:10.1007/s11661-015-2980-7

[ABO16]   ABOULKHAIR, Nesma T.; MASKERY, Ian; TUCK, Chris; ASHCROFT, Ian;
          EVERITT, Nicola M.: *The microstructure and mechanical properties of se-
          lectively laser melted AlSi10Mg : The effect of a conventional T6-like heat
          treatment*. In: *Materials Science and Engineering: A* 667 (2016), S. 139–
          146. DOI:10.1016/j.msea.2016.04.092

[ABO19]   ABOULKHAIR, Nesma T.; SIMONELLI, Marco; PARRY, Luke; ASHCROFT,
          Ian; TUCK, Christopher; HAGUE, Richard: *3D printing of Aluminium alloys:
          Additive Manufacturing of Aluminium alloys using selective laser melting*.
          In: *Progress in Materials Science* 106 (2019), S. 100578.
          DOI:10.1016/j.pmatsci.2019.100578

[ABR84]   ABRAMOWICZ, Wlodzimierz; JONES, Norman: *Dynamic axial crushing of
          circular tubes*. In: *International Journal of Impact Engineering* 2 (1984),
          Nr. 3, S. 263–281. DOI:10.1016/0734-743X(84)90010-1

[ACK21]   ACKERS, M. A.; MESSÉ, O.M.D.M.; HECHT, U.: *Novel approach of alloy
          design and selection for additive manufacturing towards targeted applica-
          tions*. In: *Journal of Alloys and Compounds* 866 (2021), S. 158965.
          DOI:10.1016/j.jallcom.2021.158965

[ALE60]   ALEXANDER, J. M.: *An approximate analysis of the collapse of thin cylin-
          drical shells under axial loading*. In: *The Quarterly Journal of Mechanics
          and Applied Mathematics* 13 (1960), Nr. 1, S. 10–15.
          DOI:10.1093/qjmam/13.1.10

[ALK19]   ALKHATIB, Sami E.; MATAR, Mohammad S.; TARLOCHAN, Faris; LABAN,
          Othman; MOHAMED, Ahmed S.; ALQWASMI, Nouman: *Deformation modes
          and crashworthiness energy absorption of sinusoidally corrugated tubes*

manufactured by direct metal laser sintering. In: *Engineering Structures*
201 (2019), S. 109838. DOI:10.1016/j.engstruct.2019.109838

[ALL06]   ALLISON, John; LI, Mei; WOLVERTON, C.; SU, XuMing: *Virtual aluminum castings: An industrial application of ICME.* JOM, 58(11), 28-35. In: *JOM* 58 (2006), Nr. 11, S. 28–35. DOI:10.1007/S11837-006-0224-4

[ALT65]   ALTENPOHL, D.; KÖSTER, W.: *Aluminium und Aluminiumlegierungen.* Berlin, Heidelberg : Springer Berlin Heidelberg, 1965 (19). DOI:10.1007/978-3-662-30245-3

[AND16]   ANDRADE, F. X. C.; FEUCHT, M.; HAUFE, A.; NEUKAMM, F.: *An incremental stress state dependent damage model for ductile failure prediction.* In: *International Journal of Fracture* 200 (2016), 1-2, S. 127–150. DOI:10.1007/s10704-016-0081-2

[AND83]   ANDREWS, K.R.F.; ENGLAND, G. L.; GHANI, E.: *Classification of the axial collapse of cylindrical tubes under quasi-static loading* 1983 (1983), Nr. 25, S. 687–696

[ASG17]   ASGARI, Hamed; BAXTER, Carter; HOSSEINKHANI, Keyvan; MOHAMMADI, Mohsen: *On microstructure and mechanical properties of additively manufactured AlSi10Mg_200C using recycled powder.* In: *Materials Science and Engineering: A* 707 (2017), S. 148–158. DOI:10.1016/j.msea.2017.09.041

[AST15]   ASTM-Richtlinie, *ASTM G110 - 92: Practice for Evaluating Intergranular Corrosion Resistance of Heat Treatable Aluminum Alloys by Immersion in Sodium Chloride + Hydrogen Peroxide Solution,* G01 Committee. DOI:10.1520/G0110-92R15

[BAR12]   BARGEL, Hans-Jürgen (Hrsg.): *Werkstoffkunde.* 11., bearb. Aufl. Berlin u.a. : Springer Vieweg, 2012 (Springer-Lehrbuch)

[BAS11]   BASARAN, Merdan: *Stress state dependent damage modeling with a focus on the lode angle influence.* Zugl.: Aachen, Techn. Hochsch., Diss., 2011. Aachen : Shaker, 2011 (Berichte aus dem Maschinenbau)

[BEC19]   BECKERS, Daniel; GRAF, Gregor: *Effiziente Qualifizierung neuer Legierungen für die additive Fertigung.* In: *Lightweight Design* 12 (2019), Nr. 5, S. 48–51. DOI:10.1007/s35725-019-0053-3

[BEE18]   BEEVERS, Emilie; BRANDÃO, Ana D.; GUMPINGER, Johannes; GSCHWEITL, Michael; SEYFERT, Christoph; HOFBAUER, Peter; ROHR, Thomas; GHIDINI, Tommaso: *Fatigue properties and material characteristics of additively manufactured AlSi10Mg – Effect of the contour parameter on the micro-structure, density, residual stress, roughness and mechanical properties.* In: *International Journal of Fatigue* 117 (2018), S. 148–162. DOI:10.1016/j.ijfatigue.2018.08.023

[BER13] BERGMANN, Wolfgang: *Werkstofftechnik : Mit 4 Tabellen : Grundlagen ; Teil 1.* 7., neu bearb. Aufl. : Hanser Verlag, 2013

[BIE15] BIERMANN, Horst (Hrsg.): *Moderne Methoden der Werkstoffprüfung.* Weinheim : Wiley-VCH, 2015

[BIE19] BIERDEL, Mariaus; PFAFF, Aron; KLICHERT, Sebastian; KÖHLER, Andreas; BARON, Yifaat; BULACH, Winfired: *Ökologische und ökonomische Bewertung des Ressourcenaufwands : Additive Fertigungsverfahren in der industriellen Produktion.* Berlin, 2019

[BLE04] BLECK, W.; FREHN, A.; LAROUR, P.; STEINBECK, G.: *Untersuchungen zur Ermittlung der Dehnratenabhängigkeit von modernen Karosseriestählen.* In: *Materialwissenschaft und Werkstofftechnik* 35 (2004), Nr. 8, S. 505–513. DOI:10.1002/mawe.200400767

[BMB17] BMBF: *Deutschland druckt dreidimensional.* URL https://www.bmbf.de/upload_filestore/pub/Deutschland_druckt_dreidimensional.pdf. – Aktualisierungsdatum: 2017 – Überprüfungsdatum 2021-07-11

[BOB16] BOBBILI, Ravindranadh; MADHU, Vemuri; GOGIA, Ashok Kumar: *Tensile behaviour of aluminium 7017 alloy at various temperatures and strain rates.* In: *Journal of Materials Research and Technology* 5 (2016), Nr. 2, S. 190–197. DOI:10.1016/j.jmrt.2015.12.002

[BÖH07] BÖHME, W.; LUKE, M.; BLAUEL, J.; SUN, D.-Z.; ROHR, I.; HARWICK, W.: *FAT- 211: Dynamische Werkstoffkennwerte für die Crashsimulation : AiF/FAT-Forschungsvorhaben im Rahmen von crashMAT. Förderkennzeichen AiF/FAT-Nr. 14205.* 2007

[BOR16] BORIA, S.: *Lightweight design and crash analysis of composites.* 2016. DOI:10.1016/B978-1-78242-325-6.00013-X

[BRA12] BRANDL, Erhard; HECKENBERGER, Ulrike; HOLZINGER, Vitus; BUCH-BINDER, Damien: *Additive manufactured AlSi10Mg samples using Selective Laser Melting (SLM) : Microstructure, high cycle fatigue, and fracture behavior.* In: *Materials & Design* 34 (2012), S. 159–169. DOI:10.1016/j.matdes.2011.07.067

[BRE12]   BREINING, Robert: *Untersuchungen zum Korrosionsverhalten und Korrosionsschutz von geschweißten Aluminium-Magnesium-Mischverbindungen* (2012)

[BRO12]   BROCKMANN, Walter; GEIß, Paul Ludwig; KLINGEN, Jürgen; SCHRÖDER, K. Bernhard; GEI, Paul Ludwig: *Klebtechnik : Klebstoffe, Anwendungen und Verfahren.* Somerset : Wiley, 2012

[BRU12]   BRUNNER, Johannes: *Makro- und mikroelektrochemische Untersuchungen zum lokalen Korrosionsverhalten ultrafeinkörniger und technischer Aluminiumlegierungen* (2012)

[BUC10]   BUCHBINDER, Damien; TIB-Technische Informationsbibliothek Universitätsbibliothek Hannover (Mitarb.); Technische Informationsbibliothek (TIB) (Mitarb.); Fraunhofer-Institut Für Lasertechnik ILT (Mitarb.) : *Generative Fertigung von Aluminiumbauteilen für die Serienproduktion - AluGenerativ : Abschlussbericht ; Projektlaufzeit: Februar 2007 - Januar 2010.* 2010. DOI:10.2314/GBV:667761012

[BUC13]   BUCHBINDER, Damien: *Selective Laser Melting von Aluminiumgusslegierungen.* Zugl.: Aachen, Techn. Hochsch., Diss., 2013. Aachen : Shaker, 2013 (Berichte aus der Lasertechnik)

[CAB16a]   CABRINI, Marina; LORENZI, Sergio; PASTORE, Tommaso; PELLEGRINI, Simone; MANFREDI, Diego; FINO, Paolo; BIAMINO, Sara; BADINI, Claudio: *Evaluation of corrosion resistance of Al–10Si–Mg alloy obtained by means of Direct Metal Laser Sintering.* In: *Journal of Materials Processing Technology* 231 (2016), S. 326–335. DOI:10.1016/j.jmatprotec.2015.12.033

[CAB16b]   CABRINI, M.; LORENZI, S.; PASTORE, T.; PELLEGRINI, S.; AMBROSIO, E. P.; CALIGNANO, F.; MANFREDI, D.; PAVESE, M.; FINO, P.: *Effect of heat treatment on corrosion resistance of DMLS AlSi10Mg alloy.* In: *Electrochimica Acta* 206 (2016), S. 346–355. DOI:10.1016/j.electacta.2016.04.157

[CAB18]   CABRINI, Marina; CALIGNANO, Flaviana; FINO, Paolo; LORENZI, Sergio; LORUSSO, Massimo; MANFREDI, Diego; TESTA, Cristian; PASTORE, Tommaso: *Corrosion Behavior of Heat-Treated AlSi10Mg Manufactured by Laser Powder Bed Fusion.* In: *Materials (Basel, Switzerland)* 11 (2018), Nr. 7. DOI:10.3390/ma11071051

[CAB19a]   CABRINI, M.; LORENZI, S.; PASTORE, T.; TESTA, C.; MANFREDI, D.; LORUSSO, M.; CALIGNANO, F.; PAVESE, M.; ANDREATTA, F.: *Corrosion behavior of AlSi10Mg alloy produced by laser powder bed fusion under chloride exposure.* In: *Corrosion Science* 152 (2019), S. 101–108. DOI:10.1016/j.corsci.2019.03.010

[CAB19b] CABRINI, M.; LORENZI, S.; TESTA, C.; PASTORE, T.; MANFREDI, D.; LORUSSO, M.; CALIGNANO, F.; FINO, P.: *Statistical approach for electrochemical evaluation of the effect of heat treatments on the corrosion resistance of AlSi10Mg alloy by laser powder bed fusion.* In: *Electrochimica Acta* 305 (2019), S. 459–466. DOI:10.1016/j.electacta.2019.03.103

[CAB20] CABA, Stefan; HILLEBRECHT, Martin; EDAG Engineering GmbH (Mitarb.): *"CustoMat_3D" - Maßgeschneiderte LAM-Aluminiumwerkstoffe für hochfunktionale, variantenreiche Strukturbauteile in der Automobilindustrie, Teilprojekt: Konzeption und Simulation von hochfunktionalen LAM-Aluminiumbauteilen für Karosserieanwendungen : Abschlussbericht zum Forschungsvorhaben im Rahmen des BMBF-Programmes "Additive Fertigung - Individualisierte Produkte, komplexe Massenprodukte, innovative Materialien" (ProMat_3D) : Laufzeit des Vorhabens: 01.02.2017-31.01.2020.* 2020. DOI:10.2314/KXP:1747858633

[CAV17] CAVIEZEL, Claudio; Grünwald, Reinhard, Ehrenberg-Sillies, Simone; KIND, Sonja; JETZKE, Tobias; BOVENSCHULTE, Marc: *Additive Fertigungsverfahren (3-D-Druck) : Innovationsanalyse.* Berlin, 2017

[CON18] CONCEPTLASER A GE ADDITIVE COMPANY: *CL30 AL/CL31AL Aluminium alloys : Datenblatt.* URL https://www.ge.com/additive/sites/default/files/2018-12/CLMAT_30_31AL_DS_EN_US_2_v1.pdf – Überprüfungsdatum 2021-07-18

[COO02] COOPER, Robert G.: *Top oder Flop in der Produktentwicklung : Erfolgsstrategien; von der Idee zum Launch.* 1. Aufl. Weinheim, New York : Wiley-VCH, 2002

[COO16] COOPER, Robert G.; SOMMER, Anita F.: *The Agile-Stage-Gate Hybrid Model: A Promising New Approach and a New Research Opportunity.* In: *Journal of Product Innovation Management* 33 (2016), Nr. 5, S. 513–526. DOI:10.1111/jpim.12314

[COO18] COOPER, Robert G.; SOMMER, Anita Friis: *Agile–Stage-Gate for Manufacturers.* In: *Research-Technology Management* 61 (2018), Nr. 2, S. 17–26. DOI:10.1080/08956308.2018.1421380

[CRO18] CROTEAU, Joseph R.; GRIFFITHS, Seth; ROSSELL, Marta D.; LEINENBACH, Christian; KENEL, Christoph; JANSEN, Vincent; SEIDMAN, David N.;

DUNAND, David C.; VO, Nhon Q.: *Microstructure and mechanical properties of Al-Mg-Zr alloys processed by selective laser melting.* In: *Acta Materialia* 153 (2018), S. 35–44. DOI:10.1016/j.actamat.2018.04.053

[DBL4918] DBL 4918, *Aluminium-Druckguss für Karosseriebauteile,* Daimler AG, Werknorm, 2018-11

[DBL4919] DBL 4919, *AlMgSi-Strangpressprofile für Karosserieteile,* Daimler AG, Werknorm, 2019-06

[DBL4927] DBL 4927, *Aluminium-Schmiedeteile für Karosserieanwendungen,* Daimler AG, Werknorm, 2017-07

[DBL4953] DBL 4953, *Aluminium-Kokillenguss für Strukturbauteile,* Daimler AG, Werknorm, 2009-09

[DEL19] DELAHAYE, J.; TCHUINDJANG, J. Tchoufang; LECOMTE-BECKERS, J.; RIGO, O.; HABRAKEN, A. M.; MERTENS, A.: *Influence of Si precipitates on fracture mechanisms of AlSi10Mg parts processed by Selective Laser Melting.* In: *Acta Materialia* 175 (2019), S. 160–170. DOI:10.1016/j.actamat.2019.06.013

[DIN11997] DIN EN ISO 11997-1:2018-01, *Beschichtungsstoffe_- Bestimmung der Beständigkeit bei zyklischen Korrosionsbedingungen_- Teil_1: Nass (Salzsprühnebel)/trocken/feucht (ISO11997-1:2017),* Deutsches Institut für Normung e. V., 2018. DOI:10.31030/2659572

[DIN1706] DIN EN 1706:2020-06, *Aluminium und Aluminiumlegierungen - Gussstücke - Chemische Zusammensetzung und mechanische Eigenschaften,* Deutsches Institut für Normung e. V., 2020-06. DOI:10.31030/3133120

[DIN1780] DIN EN 1780-1:2003, *Aluminium und Aluminiumlegierungen - Bezeichnung von legiertem Aluminium in Masseln, Vorlegierungen und Gussstücken - Teil 1: Numerisches Bezeichnungssystem,* Deutsches Institut für Normung e. V. DOI:10.31030/9275593

[DIN26203] DIN EN ISO 26203-2:2012-01, *Metallische Werkstoffe_- Zugversuch bei hohen Dehngeschwindigkeiten_- Teil_2: Servohydraulische und andere Systeme,* Deutsches Institut für Normung e. V., 2012. DOI:10.31030/1804438

[DIN4623] DIN EN ISO 4623-2:2016-12, *Beschichtungsstoffe - Bestimmung der Beständigkeit gegen Filiformkorrosion - Teil_2: Aluminium als Substrat (ISO 4623-2:2016),* Deutsches Institut für Normung e. V., 2016. DOI:10.31030/2430414

[DIN50125] DIN 50125:2016-12, *Prüfung metallischer Werkstoffe - Zugproben*, Deutsches Institut für Normung e. V., 2016. DOI:10.31030/2577390

[DIN50134] DIN 50134:2008-10, *Prüfung von metallischen Werkstoffen - Druckversuch an metallischen zellularen Werkstoffen*, Deutsches Institut für Normung e. V., 2008. DOI:10.31030/1443205

[DIN50905] DIN 50905-4:2018-03, *Korrosion der Metalle - Korrosionsuntersuchungen-Teil 4: Durchführung von chemischen Korrosionsversuchen ohne mechanische Belastung in Flüssigkeiten im Laboratorium*, Deutsches Institut für Normung e. V., 2018. DOI:10.31030/2794294

[DIN50918] DIN 50918:2018-09, *Korrosion der Metalle_- Elektrochemische Korrosionsuntersuchungen*, Deutsches Institut für Normung e. V., 2018. DOI:10.31030/2870898

[DIN6892] DIN EN ISO 6892-1:2020-06, *Metallische Werkstoffe - Zugversuch - Teil_1: Prüfverfahren bei Raumtemperatur (ISO 6892-1:2019)*, Deutsches Institut für Normung e. V., 2020. DOI:10.31030/3132591

[DIN7539] DIN EN ISO 7539-1:2013-04, *Korrosion der Metalle und Legierungen - Prüfung der Spannungsrisskorrosion - Teil 1: Allgemeiner Leitfaden für Prüfverfahren (ISO_7539-1:2012)*, Deutsches Institut für Normung e. V., 2013. DOI:10.31030/1921385

[DIN8044] DIN EN ISO 8044:2020-08, *Korrosion von Metallen und Legierungen - Grundbegriffe*, Deutsches Institut für Normung e. V., 2020. DOI:10.31030/3118460

[DIN8580] DIN 8580:2020-01, *Fertigungsverfahren - Begriffe, Einteilung*, Deutsches Institut für Normung e. V., Manufacturing processes - terms and definitions, division, 2020

[DIV16] DIVERGENT, 3D: *Divergent3D*. URL http://www.divergent3d.com/ – Überprüfungsdatum 2021-07-11

[DOA00] DOAN, Long Chau; OHMORI, Yasuya; NAKAI, Kiyomichi: *Precipitation and Dissolution Reactions in a 6061 Aluminum Alloy*. In: *Materials Transactions, JIM* 41 (2000), Nr. 2, S. 300–305. DOI:10.2320/matertrans1989.41.300

[DOE18] DOEGE, Eckart; BEHRENS, Bernd-Arno: *Handbuch Umformtechnik : Grundlagen, Technologien, Maschinen*. 3., überarbeitete Auflage. Berlin : Springer Vieweg, Oktober 2018 (VDI-Buch). DOI:10.1007/978-3-662-43891-6

[DOE86]   DOEGE, Eckart; MEYER-NOLKEMPER, Heinz; SAEED, Imtiaz: *Fließkurvenat-
           las metallischer Werkstoffe : Mit Fließkurven für 73 Werkstoffe und einer
           grundlegenden Einführung.* München : Hanser, 1986

[ELS10]   ELSHARKAWI, E. A.; SAMUEL, E.; SAMUEL, A. M.; SAMUEL, F. H.: *Effects
           of Mg, Fe, Be additions and solution heat treatment on the π-AlMgFeSi iron
           intermetallic phase in Al–7Si–Mg alloys.* In: *Journal of Materials Science*
           45 (2010), Nr. 6, S. 1528–1539. DOI:10.1007/s10853-009-4118-z

[EMD09]   EMDE, Tobias: *Mechanisches Verhalten metallischer Werkstoffe über weite
           Bereiche der Dehnung, der Dehnrate und der Temperatur.* @Aachen,
           Techn. Hochsch., Diss, 2008. 1. Aufl. Aachen : Mainz, 2009

[EMM11]   EMMELMANN, Claus; SANDER, Peter; KRANZ, Janis; WYCISK, Eric: *Laser
           Additive Manufacturing and Bionics: Redefining Lightweight Design.* In:
           Physics Procedia 12 (2011), S. 364–368. DOI:10.1016/j.phpro.2011.03.046

[ENG19]   ENGSTRÖM, Anders; HOPE, Adam; MASON, Paul: *Applications of CAL-
           PHAD based tools to additive manufacturing.* Derby, 13.02.2019. URL
           07.11.2021

[EOS21]   EOS GMBH: *EOS Aluminium AlSi10Mg : Material Data Sheet.* URL
           https://www.eos.info/03_system-related-assets/material-related-con-
           tents/metal-materials-and-examples/metal-material-datasheet/alumi-
           nium/material_datasheet_eos_aluminium-alsi10mg_en_web.pdf – Überprü-
           fungsdatum 2021-07-18

[EUR17]   Europäische Kommission, Generaldirektion Binnenmarkt, Industrie, Unter-
           nehmertum und KMU: *Mitteilung der Kommision an das europäische Par-
           lament, den Rat, den europäischen Wirtschafts- und Sozialausschuss und
           den Ausschuss der Regionen - über die Liste kritischer Rohstoffe für die EU
           2017COM(2017)490/F1 - DE.* Brüssel, 13.09.2017

[EUR20]   Europäische Kommission, Generaldirektion Binnenmarkt, Industrie, Unter-
           nehmertum und KMU: *Mitteilung der Kommision an das europäische Par-
           lament, den Rat, den europäischen Wirtschafts- und Sozialausschuss und
           den Ausschuss der Regionen - Widerstandsfähigkeit der EU bei kritischen
           Rohstoffen: Einen Pfad hin zu größerer Sicherheit und Nachhaltigkeit ab-
           stecken.* COM(2020) 474 final. Brüssel, 03.09.2020

[FAT18]   FATHI, Parisa; MOHAMMADI, Mohsen; DUAN, Xili; NASIRI, Ali M.: *A com-
           parative study on corrosion and microstructure of direct metal laser sin-
           tered AlSi10Mg_200C and die cast A360.1 aluminum.* In: *Journal of*

Materials Processing Technology 259 (2018), S. 1–14. DOI:10.1016/j.jmatprotec.2018.04.013

[FAT19]   FATHI, P.; RAFIEAZAD, M.; DUAN, X.; MOHAMMADI, M.; NASIRI, A. M.: *On microstructure and corrosion behaviour of AlSi10Mg alloy with low surface roughness fabricated by direct metal laser sintering.* In: *Corrosion Science* 157 (2019), S. 126–145. DOI:10.1016/j.corsci.2019.05.032

[FEH20a]   FEHRMANN ALLOYS GMBH & CO. KG: *Materialdatenblatt AlMgty80 - Version 003 (30.11.2020).* URL https://www.alloys.tech/sites/alloys.tech/files/pdfs/AlMgty80-techDatasheet.pdf – Überprüfungsdatum 2021-10-12

[FEH20b]   FEHRMANN ALLOYS GMBH & CO. KG: *Materialdatenblatt AlMgty90 - Version 002 (26.11.2020).* URL https://www.alloys.tech/sites/alloys.tech/files/pdfs/AlMgty90-techDatasheet.pdf – Überprüfungsdatum 2021-10-12

[FIE20]   FIEGER, Thiemo: *Qualifizierung von großseriengeeigneten Fügeverfahren für Metallbauteile hergestellt durch das Laserstrahlschmelzen (LBM) am Beispiel der Automobilindustrie.* 1. Auflage. Düren : Shaker, 2020 (Berichte aus der Fertigungstechnik)

[FIO17]   FIOCCHI, J.; TUISSI, A.; BASSANI, P.; BIFFI, C. A.: *Low temperature annealing dedicated to AlSi10Mg selective laser melting products.* In: *Journal of Alloys and Compounds* 695 (2017), S. 3402–3409. DOI:10.1016/j.jallcom.2016.12.019

[FIS11]   FISCHER, Ulrich: *Tabellenbuch Metall.* 45. Aufl., 3. Dr. Haan-Gruiten : Verl. Europa-Lehrmittel Nourney Vollmer, 2011 (Europa-Fachbuchreihe für Metallberufe)

[FOU18]   FOUSOVÁ, Michaela; DVORSKÝ, Drahomír; MICHALCOVÁ, Alena; VOJTĚCH, Dalibor: *Changes in the microstructure and mechanical properties of additively manufactured AlSi10Mg alloy after exposure to elevated temperatures.* In: *Materials Characterization* 137 (2018), S. 119–126. DOI:10.1016/j.matchar.2018.01.028

[FRI17]   FRIEDRICH, Horst E.: *Leichtbau in der Fahrzeugtechnik.* Wiesbaden : Springer Fachmedien Wiesbaden, 2017. DOI:10.1007/978-3-658-12295-9

[GDA07]   Gesamtverband der Aluminiumindustrie e.V.: *Wärmebehandlung von Aluminiumlegierungen.* Düsseldorf, 2007

[GEB16]   GEBHARDT, Andreas: *Additive Fertigungsverfahren : Additive Manufac-*
            turing und 3D-Drucken für Prototyping - Tooling - Produktion. 5., neu be-
            arbeitete und erweiterte Auflage. München : Hanser, 2016

[GHA18]   GHARBI, O.; JIANG, D.; FEENSTRA, D. R.; KAIRY, S. K.; WU, Y.; HUTCHIN-
            SON, C. R.; BIRBILIS, N.: *On the corrosion of additively manufactured alu-*
            minium alloy AA2024 prepared by selective laser melting. In: *Corrosion*
            Science 143 (2018), S. 93–106. DOI:10.1016/j.corsci.2018.08.019

[GIR19]   GIRELLI, Luca; TOCCI, Marialaura; CONTE, Manuela; GIOVANARDI,
            Roberto; VERONESI, Paolo; GELFI, Marcello; POLA, Annalisa: *Effect of the*
            T6 heat treatment on corrosion behavior of additive manufactured and gra-
            vity cast AlSi10Mg alloy. In: *Materials and Corrosion* 70 (2019), Nr. 10, S.
            1808–1816. DOI:10.1002/maco.201910890

[GLE21]   GLEIß, Anne: *Innovationsmanagement in der Werkstoffentwicklung.* Techni-
            sche Universität Bergakademie Freiberg; Springer Fachmedien Wiesbaden
            GmbH. Dissertation. 2021. DOI:10.1007/978-3-658-34690-4

[GOL14]   GOLDSCHMIDT, Artur; STREITBERGER, Hans-Joachim: *BASF-Handbuch La-*
            ckiertechnik. Hannover, Münster : Vincentz Network; BASF, 2014 (Farbe
            und Lack Bibliothek)

[GOS13]   GOSWAMI, Ramasis; HOLTZ, Ronald L.: *Transmission Electron Microscopic*
            Investigations of Grain Boundary Beta Phase Precipitation in Al 5083 Aged
            at 373 K (100 °C). In: *Metallurgical and Materials Transactions A* 44
            (2013), Nr. 3, S. 1279–1289. DOI:10.1007/s11661-012-1166-9

[GRO14]   GROTE, Karl-Heinrich; FELDHUSEN, Jörg; DUBBEL, Heinrich: *Dubbel : Ta-*
            schenbuch für den Maschinenbau. 24., aktualisierte Aufl. Berlin : Springer
            Vieweg, 2014. DOI:10.1007/978-3-642-38891-0

[GU19]   GU, Xinhui; ZHANG, Junxi; FAN, Xiaolei; DAI, Nianwei; XIAO, Yi; ZHANG,
            Lai-Chang: *Abnormal corrosion behavior of selective laser melted*
            AlSi10Mg alloy induced by heat treatment at 300 °C. In: *Journal of Alloys*
            and Compounds 803 (2019), S. 314–324. DOI:10.1016/j.jall-
            com.2019.06.274

[GU20]   GU, Xin-Hui; ZHANG, Jun-Xi; FAN, Xiao-Lei; ZHANG, Lai-Chang: *Corro-*
            sion Behavior of Selective Laser Melted AlSi10Mg Alloy in NaCl Solution
            and Its Dependence on Heat Treatment. In: *Acta Metallurgica Sinica (Eng-*
            lish Letters) 33 (2020), Nr. 3, S. 327–337. DOI:10.1007/s40195-019-00903-
            5

[HAD19]   HADADZADEH, Amir; AMIRKHIZ, Babak Shalchi; MOHAMMADI, Mohsen: *Contribution of Mg2Si precipitates to the strength of direct metal laser sintered AlSi10Mg.* In: *Materials Science and Engineering: A* 739 (2019), S. 295–300. DOI:10.1016/j.msea.2018.10.055

[HAS21]   HASHEMI, Seyed Mahdi; PARVIZI, Soroush; BAGHBANIJAVID, Haniyeh; TAN, Alvin T. L.; NEMATOLLAHI, Mohammadreza; RAMAZANI, Ali; FANG, Nicholas X.; ELAHINIA, Mohammad: *Computational modelling of process–structure–property–performance relationships in metal additive manufacturing: a review.* In: *International Materials Reviews* (2021), S. 1–46. DOI:10.1080/09506608.2020.1868889

[HEL17]   HELMER, Harald: *Additive Fertigung durch Selektives Elektronenstrahlschmelzen der Nickelbasis Superlegierung IN718: Prozessfenster, Mikrostruktur und mechanische Eigenschaften.* Erlangen, Friedrich-Alexander-Universität Erlangen-Nürnberg (FAU). Dissertation. 2017

[HER16]   HERZOG, Dirk; SEYDA, Vanessa; WYCISK, Eric; EMMELMANN, Claus: *Additive manufacturing of metals.* In: *Acta Materialia* 117 (2016), S. 371–392. DOI:10.1016/j.actamat.2016.07.019

[HER18]   HERRMANN, Stefan; GREBNER, Martin; GRÜNEWALD, Angela; WAGNER, Florian; BROMBERGER, Mirko; SCHEFFLER, Benjamin: *3i - PRINT individualize - integrate - innovate: 3i - Print.* URL http://www.3iprint.de/ – Überprüfungsdatum 2021-07-11

[HIE08]   HIERMAIER, Stefan Josef: *Structures Under Crash and Impact : Continuum Mechanics, Discretization and Experimental Characterization.* Boston, MA : Springer Science+Business Media LLC, 2008. DOI:10.1007/978-0-387-73863-5

[HIL18]   HILLEBRECHT, Martin; FEUERSTEIN, Martin: *"Durch OEMs freigegebene Werkstoffe sind die Voraussetzung".* In: *ATZ - Automobiltechnische Zeitschrift* 120 (2018), Nr. 11, S. 72–75. DOI:10.1007/s35148-018-0185-2

[HIL19]   HILLEBRECHT, Martin; GAYTAN, Manuel: *Industrialisierung der Additiven Fertigung – NextGen Spaceframe 2.0: Bionik, Additive Manufacturing und Aluminium für den flexiblen High-End-Leichtbau* (2019), S. 127–145. DOI:10.1007/978-3-658-22038-9_9

[HIT18]   HITZLER, L.; SCHOCH, N.; HEINE, B.; MERKEL, M.; HALL, W.; ÖCHSNER, A.: *Compressive behaviour of additively manufactured AlSi10Mg.* In:

Materialwissenschaft und Werkstofftechnik 49 (2018), Nr. 5, S. 683–688. DOI:10.1002/mawe.201700239

[INK16]   INKSON, B. J.: *Scanning electron microscopy (SEM) and transmission electron microscopy (TEM) for materials characterization*. In: *Material Characterization Using Nondestructive Evaluation (NDE) Methods* (2016), S. 17–43. DOI:10.1016/B978-0-08-100040-3.00002-X

[JAN07]   JANSEN, Jan: *Ein Werkstoffmodell für eine Aluminium-Druckgusslegierung unter statischen und dynamischen Beanspruchungen*. Zugl.: München, Univ. der Bundeswehr, Diss., 2007. Stuttgart : Fraunhofer-IRB-Verl., 2007 (e /Epsilon] - Forschungsergebnisse aus der Kurzzeitdynamik 13)

[KAE11]   KAESCHE, Helmut: *Die Korrosion der Metalle : Physikalisch-chemische Prinzipien und aktuelle Probleme*. 3., neubearb. und erw. Aufl. 1990, Nachdr. 2011 in veränd. Ausstattung. Berlin u.a. : Springer, 2011 (Klassiker der Technik)

[KAM12]   KAMMER, Catrin: *Aluminium-Taschenbuch*. 16. Auflage [überarbeitete Auflage der 16. Aufl. 2002]. Berlin : Beuth, 2012

[KEL14]   KELLNER, Philipp: *Zur systematischen Bewertung integrativer Leichtbau-Strukturkonzepte für biegebelastete Crashträger*. 1st ed. Göttingen : Cuvillier Verlag, 2014

[KIM16]   KIMURA, Takahiro; NAKAMOTO, Takayuki: *Microstructures and mechanical properties of A356 (AlSi7Mg0.3) aluminum alloy fabricated by selective laser melting*. In: *Materials & Design* 89 (2016), S. 1294–1301. DOI:10.1016/j.matdes.2015.10.065

[KNO20]   KNOOP, Daniel; LUTZ, Andreas; MAIS, Bernhard; HEHL, Axel von: *A Tailored AlSiMg Alloy for Laser Powder Bed Fusion*. In: *Metals* 10 (2020), Nr. 4, S. 514. DOI:10.3390/met10040514

[KOT21]   KOTADIA, H. R.; GIBBONS, G.; DAS, A.; HOWES, P. D.: *A review of Laser Powder Bed Fusion Additive Manufacturing of aluminium alloys: Microstructure and properties*. In: *Additive Manufacturing* 46 (2021), S. 102155. DOI:10.1016/j.addma.2021.102155

[KOU03]   KOU, Sindo: *Welding metallurgy*. 2nd ed. - [Elektronische Ressource]. Hoboken, N.J : Wiley, 2003. DOI:10.1002/0471434027

[KOU21]   KOURAYTEM, Nadia; LI, Xuxiao; TAN, Wenda; KAPPES, Branden; SPEAR, Ashley D.: *Modeling process–structure–property relationships in metal* additive manufacturing: a review on physics-driven versus data-driven approaches. In: Journal of Physics: Materials 4 (2021), Nr. 3, S. 32002. DOI:10.1088/2515-7639/abca7b

[KRA17]   KRANZ, Jannis: Methodik und Richtlinien für die Konstruktion von laseradditiv gefertigten Leichtbaustrukturen. Berlin, Heidelberg : Springer Berlin Heidelberg, 2017. DOI:10.1007/978-3-662-55339-8

[KRÖ02]   KRÖGER, Matthias; UNIVERSITY, My (Mitarb.): Methodische Auslegung und Erprobung von Fahrzeug-Crashstrukturen. 2002. DOI:10.15488/6045

[KUI05]   KUIJPERS, N.C.W.; VERMOLEN, F. J.; VUIK, C.; KOENIS, P.T.G.; NILSEN, K. E.; VAN DER ZWAAG, S.: The dependence of the β-AlFeSi to α-Al(FeMn)Si transformation kinetics in Al–Mg–Si alloys on the alloying elements. In: Materials Science and Engineering: A 394 (2005), 1-2, S. 9–19. DOI:10.1016/j.msea.2004.09.073

[KUN01]   KUNZE, Egon: Korrosion und Korrosionsschutz : Wiley, 2001. DOI:10.1002/9783527625659

[LAC18]   LACHMAYER, Roland; LIPPERT, Rene Bastian; KAIERLE, Stefan: Additive Serienfertigung. Berlin, Heidelberg : Springer Berlin Heidelberg, 2018. DOI:10.1007/978-3-662-56463-9

[LAH19]   LAHRES, Michael; NEUFANG, Oliver; BIELEFELD, Thomas; HAMMER-SCHMIDT, Felix; HERTLE, Dominik: NextGenAM – von der Vision zur Realität einer vollautomatisierten Additive Manufacturing Prozesskettenstrasse für Aluminiumbauteile (Werkstoffwoche 2019). Dresden, 18.09.2019

[LAN18]   LANCEA, Camil; CHICOS, Lucia Antoneta; ZAHARIA, Sebastian Marian; POP, Mihai Alin; SEMENESCU, Augustin; FLOREA, Bogdan; CHIVU, Oana Roxana: Accelerated Corrosion Analysis of AlSi10Mg Alloy Manufactured by Selective Laser Melting (SLM). In: Revista de Chimie 69 (2018), Nr. 4, S. 975–981. DOI:10.37358/RC.18.4.6240

[LAR10]   LAROUR, Patrick: Strain rate sensitivity of automotive sheet steels: influence of plastic strain, strain rate, temperature, microstructure, bake hardening and pre-strain. Zugl.: Aachen, Techn. Hochsch., Diss., 2010. Aachen : Shaker, 2010 (Berichte aus dem Institut für Eisenhüttenkunde Bd. 2010,1)

[LEO16]   LEON, Avi; SHIRIZLY, Amnon; AGHION, Eli: Corrosion Behavior of AlSi10Mg Alloy Produced by Additive Manufacturing (AM) vs. Its Counterpart Gravity Cast Alloy. In: Metals 6 (2016), Nr. 7, S. 148. DOI:10.3390/met6070148

[LEO17]   LEON, Avi; AGHION, Eli: *Effect of surface roughness on corrosion fatigue performance of AlSi10Mg alloy produced by Selective Laser Melting (SLM)*. In: *Materials Characterization* 131 (2017), S. 188–194. DOI:10.1016/j.matchar.2017.06.029

[LI15]   LI, X. P.; WANG, X. J.; SAUNDERS, M.; SUVOROVA, A.; ZHANG, L. C.; LIU, Y. J.; FANG, M. H.; HUANG, Z. H.; SERCOMBE, T. B.: *A selective laser melting and solution heat treatment refined Al–12Si alloy with a controllable ultrafine eutectic microstructure and 25% tensile ductility*. In: *Acta Materialia* 95 (2015), S. 74–82. DOI:10.1016/j.actamat.2015.05.017

[LI16]   LI, Wei; LI, Shuai; LIU, Jie; ZHANG, Ang; ZHOU, Yan; WEI, Qingsong; YAN, Chunze; SHI, Yusheng: *Effect of heat treatment on AlSi10Mg alloy fabricated by selective laser melting : Microstructure evolution, mechanical properties and fracture mechanism*. In: *Materials Science and Engineering: A* 663 (2016), S. 116–125. DOI:10.1016/j.msea.2016.03.088

[LID96]   LIDE, David R. (Hrsg.): *CRC handbook of chemistry and physics : A ready-reference book of chemical and physical data*. 76. ed. Boca Raton : CRC Press, 1996

[LUT21]   LUTZ, Andreas; KNOOP, Daniel; MAIS, Bernhard; CABA, Stefan; HILLE-BRECHT, Martin; JÄGER, Sebastian, *Verfahren zur Herstellung eines Bauteils aus einer Aluminiumlegierung. Anmeldenr.* DE10 2019 214 740 B3. 04.02.2021. Germany. IPC C22C 21/08 (2006.01)

[MAA18a]   MAAMOUN, Ahmed H.; ELBESTAWI, Mohamed; DOSBAEVA, Goulnara K.; VELDHUIS, Stephen C.: *Thermal post-processing of AlSi10Mg parts produced by Selective Laser Melting using recycled powder*. In: *Additive Manufacturing* 21 (2018), S. 234–247. DOI:10.1016/j.addma.2018.03.014

[MAA18b]   MAAMOUN, Ahmed H.; XUE, Yi F.; ELBESTAWI, Mohamed A.; VELDHUIS, Stephen C.: *The Effect of Selective Laser Melting Process Parameters on the Microstructure and Mechanical Properties of Al6061 and AlSi10Mg Alloys*. In: *Materials (Basel, Switzerland)* 12 (2018), Nr. 1. DOI:10.3390/ma12010012

[MEI18]   MEIXLSPERGER, Maximilian: *Anwendungsspezifische Prozessführung des Selective Laser Melting am Beispiel von AlSi-Legierungen im Automobilbau*. [1. Auflage]. Aachen : Shaker Verlag, 2018 (Berichte aus der Lasertechnik)

[MEI99]   MEINERS, Wilhelm: *Direktes selektives Laser Sintern einkomponentiger me-
           tallischer Werkstoffe*. Aachen, TH, Fraunhofer ILT. Dissertation. 1999

[MER15]   MERKT, Simon Jens: *Qualifizierung von generativ gefertigten Gitterstruktu-
           ren für maßgeschneiderte Bauteilfunktionen*. Aachen, RWTH, Lehrstuhl für
           Lasertechnik. Dissertation. 2015

[MIC12]   MICHELFEIT, Stefan: *Werkstoffgesetze einer AlSi-Gusslegierung unter
           Hochtemperaturbeanspruchung in Abhängigkeit des Werkstoffzustandes*.
           Darmstadt, Technische Universität Darmstadt. 15.05.2012

[MÖH18]   MÖHRLE, Markus: *Gestaltung von Fabrikstrukturen für die additive Ferti-
           gung*. Berlin, Heidelberg : Springer Berlin Heidelberg, 2018.
           DOI:10.1007/978-3-662-57707-3

[MOH19]   MOHAMED, Ahmed S.; LABAN, Othman; TARLOCHAN, Faris; AL KHATIB,
           Sami E.; MATAR, Mohammed S.; MAHDI, Elsadig: *Experimental analysis of
           additively manufactured thin-walled heat-treated circular tubes with slits
           using AlSi10Mg alloy by quasi-static axial crushing test*. In: *Thin-Walled
           Structures* 138 (2019), S. 404–414. DOI:10.1016/j.tws.2019.02.022

[MOT20]   MOTAMAN, S. Amir H.; KIES, Fabian; KÖHNEN, Patrick; LÉTANG, Maike;
           LIN, Mingxuan; MOLOTNIKOV, Andrey; HAASE, Christian: *Optimal Design
           for Metal Additive Manufacturing: An Integrated Computational Materials
           Engineering (ICME) Approach*. In: *JOM* 72 (2020), Nr. 3, S. 1092–1104.
           DOI:10.1007/s11837-020-04028-4

[MUL96]   MULAZIMOGLU, M. H.; ZALUSKA, A.; GRUZLESKI, J. E.; PARAY, F.: *Elec-
           tron microscope study of Al-Fe-Si intermetallics in 6201 aluminum alloy*.
           In: *Metallurgical and Materials Transactions A* 27 (1996), Nr. 4, S. 929–
           936. DOI:10.1007/BF02649760

[NEU18]   NEUKAMM, Frieder; Universität Stuttgart (Mitarb.): *Lokalisierung und Ver-
           sagen von Blechstrukturen*. 2018. DOI:10.18419/opus-10082

[OND16]   ONDRATSCHEK, Dieter; TIEDJE, Oliver: *Besser lackieren. Jahrbuch 2017*. 1.
           Auflage. Hannover : Vincentz Network, 2016 (Besser lackieren)

[OST14]   OSTERMANN, Friedrich: *Anwendungstechnologie Aluminium*. 3., neu bearb.
           Aufl. Berlin u.a. : Springer Vieweg, 2014 (VDI)

[PFE14]   PFEIFER, Tilo (Hrsg.); SCHMITT, Robert (Hrsg.): *Masing Handbuch Quali-
           tätsmanagement*. München : Carl Hanser Verlag GmbH & Co. KG, 2014.
           DOI:10.3139/9783446439924

[PIS16]   PISCHINGER, Stefan; SEIFFERT, Ulrich: *Vieweg Handbuch Kraftfahrzeug-technik.* Wiesbaden : Springer Fachmedien Wiesbaden, 2016. DOI:10.1007/978-3-658-09528-4

[PON20]   PONNUSAMY, Panneer; RAHMAN RASHID, Rizwan Abdul; MASOOD, Syed Hasan; RUAN, Dong; PALANISAMY, Suresh: *Mechanical Properties of SLM-Printed Aluminium Alloys: A Review.* In: *Materials (Basel, Switzerland)* 13 (2020), Nr. 19. DOI:10.3390/ma13194301

[PRA13]   Prashanth Konda Gokuldoss: *Selective laser melting of Al-12Si.* Dresden, Technische Universität. Dissertation. 2013

[PRA14]   PRASHANTH, K. G.; SCUDINO, S.; KLAUSS, H. J.; SURREDDI, K. B.; LÖBER, L.; WANG, Z.; CHAUBEY, A. K.; KÜHN, U.; ECKERT, J.: *Microstructure and mechanical properties of Al–12Si produced by selective laser melting : Effect of heat treatment.* In: *Materials Science and Engineering: A* 590 (2014), S. 153–160. DOI:10.1016/j.msea.2013.10.023

[RAF19]   RAFIEAZAD, Mehran; MOHAMMADI, Mohsen; NASIRI, Ali M.: *On microstructure and early stage corrosion performance of heat treated direct metal laser sintered AlSi10Mg.* In: *Additive Manufacturing* 28 (2019), S. 107–119. DOI:10.1016/j.addma.2019.04.023

[RAN12]   RANA, R.; PUROHIT, R.: *Reviews on the Influcences of Alloying elements on the Microstructure and Mechanical Properties of Aluminum Alloys and Aluminum Alloy Composites.* 2012

[REN02]   RENTZ, O.; PETERS, N.; NUNGE, S.; GELDERMANN, J.: *Bericht über Beste Verfügbare Techniken (BVT) im Bereich der Lack- und Klebstoffverarbeitung in Deutschland -Teilband I: Lackverarbeitung.* Teilband I. Karlsruhe, 2002

[REV17]   REVILLA, Reynier I.; LIANG, Jingwen; GODET, Stéphane; GRAEVE, Iris de: *Local Corrosion Behavior of Additive Manufactured AlSiMg Alloy Assessed by SEM and SKPFM.* In: *Journal of The Electrochemical Society* 164 (2017), Nr. 2, C27-C35. DOI:10.1149/2.0461702jes

[RHE16]   RHEINFELDEN ALLOYS GMBH & CO. KG: *Handbuch - Hüttenaluminium - Gusslegierungen.* URL https://rheinfelden-alloys.eu/wp-content/uploads/2017/01/Handbuch-H%c3%bcttenaluminium-Gusslegierungen_RHEINFELDEN-ALLOYS_2016_DE.pdf – Überprüfungsdatum 2020-09-03

[ROS17] ROSENTHAL, I.; STERN, A.; FRAGE, N.: *Strain rate sensitivity and fracture mechanism of AlSi10Mg parts produced by Selective Laser Melting.* In: *Materials Science and Engineering: A* 682 (2017), S. 509–517. DOI:10.1016/j.msea.2016.11.070

[RÖS19] RÖSLER, Joachim; HARDERS, Harald; BÄKER, Martin: *Mechanisches Verhalten der Werkstoffe.* 6th ed. 2019. Wiesbaden : Springer Fachmedien Wiesbaden; Springer Vieweg, 2019

[ROW18] ROWOLT, C.; MILKEREIT, B.; GEBAUER, M.; SEIDEL, C.; MÜLLER, B.; KESSLER, O.: *In-Situ Phase Transition Analysis of Conventional and Laser Beam Melted AlSi10Mg and X5CrNiCuNb16-4 Alloys*.* In: *HTM Journal of Heat Treatment and Materials* 73 (2018), Nr. 6, S. 317–334. DOI:10.3139/105.110366

[RUB19] RUBBEN, Tim; REVILLA, Reynier I.; GRAEVE, Iris de: *Influence of heat treatments on the corrosion mechanism of additive manufactured AlSi10Mg.* In: *Corrosion Science* 147 (2019), S. 406–415. DOI:10.1016/j.corsci.2018.11.038

[SCH09] SCHWARTZ, Adam J.: *Electron Backscatter Diffraction in Materials Science.* 2. ed. Boston, MA : Springer Science+Business Media LLC, 2009. DOI:10.1007/978-0-387-88136-2

[SCH12] SCHAFFER, Miroslava; SCHAFFER, Bernhard; RAMASSE, Quentin: *Sample preparation for atomic-resolution STEM at low voltages by FIB.* In: *Ultramicroscopy* 114 (2012), S. 62–71. DOI:10.1016/j.ultramic.2012.01.005

[SCH16a] SCHMIDT, Tobias: *Potentialbewertung generativer Fertigungsverfahren für Leichtbauteile.* Technischen Universität Hamburg-Harburg, Institut für Laser- und Anlagensystemtechnik (iLAS) und LZN Laser Zentrum Nord GmbH. Dissertation. 2016. DOI:10.1007/978-3-662-52996-6

[SCH16b] SCHWANITZ, Pit; Technische Universität Berlin (Mitarb.): *Robuste Optimierung und Bewertung von parametrisch modellierten Crashboxen.* 2016. DOI:10.14279/DEPOSITONCE-5138

[SCH16c] SCHÜLER, Paul; Technische Universität Berlin (Mitarb.); FLECK, Claudia (Mitarb.) : *Mechanische Eigenschaften und Versagensmechanismen offenzelliger Aluminiumschaum-Strukturen.* 2016. DOI:10.14279/depositonce-5047

[SCH20] SCHMIDTKE, Katja: *Qualification of SLM : additive manufacturing for aluminium.* TUHH Universitätsbibliothek. 2020. DOI:10.15480/882.2551

[SEI05]   SEIDEL, Michael: *Methodische Produktplanung : Grundlagen, Systematik und Anwendung im Produktentstehungsprozess*. Zugl.: Karlsruhe, Univ., Diss., 2005. Karlsruhe : Universitätsverlag, 2005 (Reihe Informationsmanagement im Engineering Karlsruhe 2005,1)

[SEI18]   SEIDEL, Wolfgang W.; HAHN, Frank: *Werkstofftechnik : Werkstoffe, Eigenschaften, Prüfung, Anwendung*. 11., aktualisierte Auflage. München : Hanser, 2018 (Lernbücher der Technik). DOI:10.3139/9783446456884

[SIC20]   SICIUS, Hermann: *Handbuch der chemischen Elemente*. Berlin, Heidelberg : Springer Berlin Heidelberg, 2020. DOI:10.1007/978-3-662-55944-4

[SID15]   SIDDIQUE, Shafaqat; IMRAN, Muhammad; RAUER, Miriam; KALOUDIS, Michael; WYCISK, Eric; EMMELMANN, Claus; WALTHER, Frank: *Computed tomography for characterization of fatigue performance of selective laser melted parts*. In: *Materials & Design* 83 (2015), S. 661–669. DOI:10.1016/j.matdes.2015.06.063

[SID17a]   SIDDIQUE, Shafaqat; IMRAN, Muhammad; WALTHER, Frank: *Very high cycle fatigue and fatigue crack propagation behavior of selective laser melted AlSi12 alloy*. In: *International Journal of Fatigue* 94 (2017), S. 246–254. DOI:10.1016/j.ijfatigue.2016.06.003

[SID17b]   SIDDIQUE, Shafaqat; AWD, Mustafa; TENKAMP, Jochen; WALTHER, Frank: *Development of a stochastic approach for fatigue life prediction of AlSi12 alloy processed by selective laser melting*. In: *Engineering Failure Analysis* 79 (2017), S. 34–50. DOI:10.1016/j.engfailanal.2017.03.015

[SIE21a]   SIEBEL, Thomas: *Additive Fertigung an der Schwelle zur Serienproduktion*. In: *MTZ - Motortechnische Zeitschrift* 82 (2021), Nr. 11, S. 8–13. DOI:10.1007/s35146-021-0740-3

[SIE21b]   SIEBEL, Thomas: *"Es braucht noch viel mehr Werkstoffe für die additive Fertigung"*. In: *springerprofessional.de* (2021-10-15)

[SIE21c]   SIEBEL, Thomas: *"Die additive Fertigung zieht spürbar in die Automobilindustrie ein"*. In: *springerprofessional.de* (2021-10-08)

[SKR10]   SKRYNECKI, Nicolai: *Kundenorientierte Optimierung des generativen Strahlschmelzprozesses*. Zugl.: Duisburg, Univ., Diss., 2010. Aachen : Shaker, 2010 (Fertigungstechnik)

[SPI17a]   SPIERINGS, A. B.; DAWSON, K.; KERN, K.; PALM, F.; WEGENER, K.: *SLM-processed Sc- and Zr- modified Al-Mg alloy : Mechanical properties and microstructural effects of heat treatment.* In: *Materials Science and Engineering: A* 701 (2017), S. 264–273. DOI:10.1016/j.msea.2017.06.089

[SPI17b]   SPIERINGS, A. B.; DAWSON, K.; HEELING, T.; UGGOWITZER, P. J.; SCHÄUBLIN, R.; PALM, F.; WEGENER, K.: *Microstructural features of Sc- and Zr-modified Al-Mg alloys processed by selective laser melting.* In: *Materials & Design* 115 (2017), S. 52–63. DOI:10.1016/j.matdes.2016.11.040

[SPU19]   SPURA, Christian (Hrsg.): *Technische Mechanik 2. Elastostatik.* Wiesbaden : Springer Fachmedien Wiesbaden, 2019. DOI:10.1007/978-3-658-19979-1

[STA06]   STAEVES, Johannes: *Werkstoffauswahl und Werkstofffreigabe in der Karosserieentwicklung.* 2006

[STA10]   STANSBURY, Ele Eugene; BUCHANAN, R. A.: *Fundamentals of electrochemical corrosion.* Materials Park, OH : ASM International, 2010

[STÜ18]   STÜRZEL, Thomas: *Maßnahmen zur Verbesserung der mechanischen Eigenschaften von Recycling Al-Druckgusslegierungen für Powertrain-Anwendungen.* Ilmenau, TU Ilmenau. Dissertation. 2018

[SUN13]   SUN, Dong-Zhi; ANDRIEUX, Florence: *Werkstoffcharakterisierung und numerische Simulation zur Bewertung des Crashverhaltens dickwandiger Al-Profile im Schienenfahrzeugbau.* Freiburg : Fraunhofer-Institut für Werkstoffmechanik IWM, 2013

[TAK17a]   TAKATA, Naoki; KODAIRA, Hirohisa; SEKIZAWA, Keito; SUZUKI, Asuka; KOBASHI, Makoto: *Change in microstructure of selectively laser melted AlSi10Mg alloy with heat treatments.* In: *Materials Science and Engineering: A* 704 (2017), S. 218–228. DOI:10.1016/j.msea.2017.08.029

[TAK17b]   TAKATA, Naoki; KODAIRA, Hirohisa; SUZUKI, Asuka; KOBASHI, Makoto: *Size dependence of microstructure of AlSi10Mg alloy fabricated by selective laser melting.* In: *Materials Characterization* (2017). DOI:10.1016/j.matchar.2017.11.052

[TL116]   TL 116, *Strangpressprofile aus Al-Legierung AA6xxx,* Volkswagen AG, Technische Liefervorschrift, 2005-07

[TOS17]   TOSTMANN, Karl Helmut: *Korrosionsschutz : Theorie und Praxis.* 1. Auflage. Bad Saulgau : Leuze Verlag, 2017. DOI:10.12850/9783874803045

[TRE17]   TREVISAN, Francesco; CALIGNANO, Flaviana; LORUSSO, Massimo; PAKKANEN, Jukka; AVERSA, Alberta; AMBROSIO, Elisa Paola; LOMBARDI, Mariangela; FINO, Paolo; MANFREDI, Diego: *On the Selective Laser Melting (SLM)*

of the AlSi10Mg Alloy : Process, Microstructure, and Mechanical Proper-
ties. In: *Materials (Basel, Switzerland)* 10 (2017), Nr. 1.
DOI:10.3390/ma10010076

[TRO15]   TRONDL, A.; KLITSCHKE, S.; BÖHME, W.; SUN, D.-Z.: *FAT 283 - Verfor-*
mungs- und Versagensverhalten von Stählen unter mehrachsiger Belastung.
FAT-Schriftenreihe. Freiburg i. B., 2015. – FAT-Schriftenreihe

[VDA233]   VDA 233-102, *Zyklische Korrosionsprüfung von Werkstoffen und Bauteilen*
im Automobilbau, Verband der Automobilindustrie e.v., 06.2013

[VDA238]   VDA 238-100, *Plättchen-Biegeversuch für metallische Werkstoffe,* Verband
der Automobilindustrie e.V., Prüfblatt, 2010-12

[VDI3405a] VDI-Richtlinie, *VDI 3405 Blatt 2: Additive Fertigungsverfahren: Strahl-*
schmelzen metallischer Bauteile – Qualifizierung, Qualitätssicherung und
Nachbearbeitung, VDI - Gesellschaft Produktion und Logistik (GPL), ICS
03.120.10,25.020, 2013-08

[VDI3405b] VDI-Richtlinie, *VDI 3405 Blat 2.1: Additive Fertigungsverfahren - Pulver-*
bettbasiertes Schmelzen von Metall mittels Laserstrahl (PBF-LB/M) - Mate-
rialkenndatenblatt Aluminiumlegierung AlSi10Mg, VDI - Gesellschaft Produktion und Logistik (GPL), ICS 25.030, 2020-08

[WAG18]   WAGNER, Markus: *Lokales Laserumschmelzverfestigen von crashbelasteten*
Karosseriefeinblechstrukturen. Dresden, Fraunhofer-Institut für Werkstoff-
und Strahltechnik / TU Dresden. Dissertation. 2018

[WEI17]   WEI, Pei; WEI, Zhengying; CHEN, Zhen; DU, Jun; HE, Yuyang; LI, Junfeng;
ZHOU, Yatong: *The AlSi10Mg samples produced by selective laser melting:*
single track, densification, microstructure and mechanical behavior. In: *Ap-*
plied Surface Science 408 (2017), S. 38–50. DOI:10.1016/j.ap-
susc.2017.02.215

[WEI20]   WEI, Pei; CHEN, Zhen; ZHANG, Shuzhe; FANG, Xuewei; LU, Bingheng;
ZHANG, Lijuan; WEI, Zhengying: *Effect of T6 heat treatment on the surface*
tribological and corrosion properties of AlSi10Mg samples produced by se-
lective laser melting. In: *Materials Characterization* (2020), S. 110769.
DOI:10.1016/j.matchar.2020.110769

[WEN98]   WENDLER-KALSCH, Elsbeth; GRÄFEN, Hubert: *Korrosionsschadenkunde.*
Berlin, Heidelberg : Springer Berlin Heidelberg, 1998. DOI:10.1007/978-3-
642-30431-6

[WIT17]   Witt, Gerd, Eichmann, Michael (Hrsg.); KYNAST, Michael (Hrsg.):
           *Rapid.Tech : International Trade Show & Conference for Additive Manu-
           facturing : Proceedings of the 14th Rapid.Tech Conference Erfurt, Ger-
           many, 20 - 22 June 2017.* München : Hanser, 2017.
           DOI:10.3139/9783446454606

[WOH21]   WOHLERS, Terry T.: *Wohlers Report 2021 : 3D printing and additive manu-
           facturing global state of the industry.* Fort Collins, Colorado : Wohlers As-
           sociates, 2021

[ZAK19]   ZAKAY, Amit; AGHION, Eli: *Effect of Post-heat Treatment on the Corrosion
           Behavior of AlSi10Mg Alloy Produced by Additive Manufacturing.* In: *JOM*
           71 (2019), Nr. 3, S. 1150–1157. DOI:10.1007/s11837-018-3298-x

[ZHA01]   ZHANG, J.; FAN, Z.; WANG, Y. Q.; ZHOU, B. L.: *Equilibrium pseudobinary
           Al–Mg 2 Si phase diagram.* In: *Materials Science and Technology* 17
           (2001), Nr. 5, S. 494–496. DOI:10.1179/026708301101510311

[ZHA19]   ZHANG, Jinliang; SONG, Bo; WEI, Qingsong; BOURELL, Dave; SHI,
           Yusheng: *A review of selective laser melting of aluminum alloys: Pro-
           cessing, microstructure, property and developing trends.* In: *Journal of Ma-
           terials Science & Technology* 35 (2019), Nr. 2, S. 270–284.
           DOI:10.1016/j.jmst.2018.09.004

[ZHA21a]   ZHANG, X. X.; LUTZ, A.; ANDRÄ, H.; LAHRES, M.; GAN, W. M.; MAAWAD,
           E.; EMMELMANN, C.: *Evolution of microscopic strains, stresses, and dislo-
           cation density during in-situ tensile loading of additively manufactured
           AlSi10Mg alloy.* In: *International Journal of Plasticity* 139 (2021), S.
           102946. DOI:10.1016/j.ijplas.2021.102946

[ZHA21d]   ZHANG, X. X.; LUTZ, A.; ANDRÄ, H.; LAHRES, M.; SITTIG, D.; MAAWAD,
           E.; GAN, W. M.; KNOOP, D.: *An additively manufactured and direct-aged
           AlSi3.5Mg2.5 alloy with superior strength and ductility: micromechanical
           mechanisms.* In: *International Journal of Plasticity* 146 (2021), S. 103083.
           DOI:10.1016/j.ijplas.2021.103083

[ZHA21e]   ZHANG, X. X.; LUTZ, A.; ANDRÄ, H.; LAHRES, M.; GONG, W.; HARJO, S.;
           EMMELMANN, C.: *Strain hardening behavior of additively manufactured
           and annealed AlSi3.5Mg2.5 alloy.* In: *Journal of Alloys and Compounds*
           (2021), S. 162890. DOI:10.1016/j.jallcom.2021.162890

[ZHO18]   ZHOU, L.; MEHTA, Abhishek; SCHULZ, Esin; MCWILLIAMS, Brandon; CHO,
           Kyu; SOHN, Yongho: *Microstructure, precipitates and hardness of*

selectively laser melted AlSi10Mg alloy before and after heat treatment. In: *Materials Characterization* (2018). DOI:10.1016/j.matchar.2018.04.022

[ZHU19]   ZHUO, Longchao; WANG, Zeyu; ZHANG, Hongjia; YIN, Enhuai; WANG, Yanlin; XU, Tao; LI, Chao: *Effect of post-process heat treatment on micro-structure and properties of selective laser melted AlSi10Mg alloy.* In: *Materials Letters* 234 (2019), S. 196–200. DOI:10.1016/j.matlet.2018.09.109

Formelzeichen und Abkürzungen

Formelzeichen

Zeichen	Einheit	Bezeichnung
A	%	Bruchdehnung
EA	J	Absolut absorbierte Energie
E_{kin}	J	Kinetische Energie
E_V	J/mm³	Volumenenergiedichte
F_{av}	N	Durchschnittliche Stauchkraft
F_{max}	N	Maximalkraft
F_{AS}	N	Kraftabschaltschwelle (VDA 238-100)
L_0	mm	Anfangsmesslänge
P_L	W	Laserleistung
R_m	MPa	Zugfestigkeit
$R_{p0,2}$	MPa	0,2%-Dehngrenze
R_a	µm	Arithmetischer Mittelwert der Rauheit
R_z	µm	Mittlere Rautiefe
R_i	-	Flächenablösungsgrad nach ISO 4628-3
SEA	J/g	Spezifische Energieabsorption
T	°C	Temperatur
$T_{Solidus}$	°C	Solidustemperatur
d_E	mm	Enthaftung ausgehend von Schichtverletzung (Korrosion)
d_F	µm	Fokusdurchmesser
Δf	mm	Fokusverschiebung
h_S	mm	Spurabstand
l_Z	µm	Schichtdicke
m	kg	Masse

© Der/die Herausgeber bzw. der/die Autor(en), exklusiv lizenziert an Springer-Verlag GmbH, DE, ein Teil von Springer Nature 2023
A. Lutz, *Methodische Werkstoff- und Prozessentwicklung für die additive Serienproduktion von automobilen Strukturkomponenten*, Light Engineering für die Praxis, https://doi.org/10.1007/978-3-662-66532-9

s	mm	Weg
p	MPa	Druck
t	s	Zeit
v_P	m/s	Prüfgeschwindigkeit
v_S	m/s	Scangeschwindigkeit
α	°	Biegewinkel (nach VDA 238-100)
δ	mm	Stauchweg
$\dot{\varepsilon}$	s^{-1}	Dehnrate
$\dot{\varepsilon}_{nom}$	s^{-1}	Nominelle Dehnrate
ε_{tech}	-	Technische Dehnung
η_E	-	Energieabsorptionseffizienz
η_F	-	Stauchkrafteffizienz
ρ	%	Dichte
σ	MPa	Spannung
σ_{Vdil}	MPa	Wahre Spannung unter Berücksichtigung von Volumendilatation
σ_{VM}	MPa	Von-Mises-Vergleichsspannung
σ_m	MPa	Hydrostatische Spannung

Abkürzungen

ADF	*engl.* Annular Dark Field Detector/ *dt.* ringförmiger Dunkelfelddetektor
AM	*engl.* Additive Manufcaturing/ *dt.* Additive Fertigung
AsB	*engl.* Annular Backscatter Detector/ *dt.* winkelselektiver Rückstreuelektronenkontrast
AV	Ausführungsvariante
BF	Betriebsfestigkeit
CALPHAD	*engl.* CALculation of PHAse Diagrams
CP	*engl.* Crystal plasticity (crystal plasticity finite elements models)
DBL	Daimler-Benz-Liefervorschrift
DESY	Deutsches Elektronen-Synchrotron (DESY) in Hamburg
DFT	*engl.* Density functional theory
DIC	*engl.* Digital Image Correlation
DSC	*engl.* Differential Scanning Calorimetry
EBSD	*engl.* Electron Backscattered Diffraction/ *dt.* Elektronenrückstreubeugung
EDX	*engl.* Energy Dispersive X-ray Spectroscopy/ *dt.* Energiedispersive Röntgenspektroskopie
FD	Finite-Differenzen-Methode
FE	Finite-Elemente-Methode
FFT	*engl.* fast Fourier transformation
FV	Finite-Volumen-Methode
GISSMO	Generalized Incremental Stress State dependent damage MOdel
GKE	Gesättigte Kalomelektrode
IK	Interkristalline Korrosion
KMC	Kinetische Monte-Carlo-Methode
KT	Konzepttauglichkeit
LK	Lochkorrosion
LPBF	*engl.* Laser Powder Bed Fusion (Alternative Bezeichnung: SLM®)

MK	Maschinenkonfiguration
OEM	*engl.* Original Equipment Manufacturer/ *dt.* Originalausrüstungshersteller
PBV	Plättchen-Biegeversuch (nach VDA238-100)
PF	Phasenfeldmethode, *engl.* phase field method
PT	Prinziptauglichkeit
REM	Rasterelektronenmikroskopie
RT	Raumtemperatur
RVE	*engl.* representative volume element
SD	*engl.* Standard Deviation/ *dt.* Standardabweichung
SE	Sekundärelektronenkontrast
SHE	*engl.* Standard Hydrogen Electrode/ *dt.* Standard-Wasserstoffelektrode
SLM®	*engl.* Selective Laser Melting/ *dt.* Selektives Laserschmelzen
SpRK	Spannungsrisskorrosion
ST	Serientauglichkeit
SXRD	Synchrotron X-ray Diffraction
T-HD	Duktilitätsorientierte Wärmebehandlung (380°C/60min)
T-HS	Festigkeitsorientierte Wärmebehandlung (170°C/60min)
TEM	Transmissionselektronenmikroskopie
TCM	Thermophysikalische, chemische, mechanische Eigenschaften
VDG	Vakuum-Druckguss
WBH	Wärmebehandlung
kfz	Kubisch-flächenzentriert
krz	Kubisch-raumzentriert

Appendix

A1: Literaturangaben zu mechanischen Kennwerten branchenüblicher Aluminiumlegierungen

Werkstoff	WBH	Lösungsglühen Temp. [°C]	Lösungsglühen Dauer [h]	Auslagerung Temp. [°C]	Auslagerung Dauer [h]	Mechanische Kennwerte $R_{p0,2}$ [MPa]	R_m [MPa]	A [%]	Quelle
AlSi7Mg	F	-	-	-	-	200a / 230b	400a / 380b	12a / 17b	[KIM16]
	A	-	-	200	5	195a / 205b	370a / 350b	9a / 12b	
	A	-	-	350	5	120	200	27a / 32b	
	T6	535	8	155	6	210a / 190b	270a / 275b	13a / 7b	
	F	-	-	-	-	255a / 247b	407a / 430b	13a / 8,5b	
AlSi7Mg0,6	A	-	-	165	7	285a / 322b	437a / 430b	9a / 8,5b	[SCH20]
	T6	550	1	165	7	280 ± 6	328 ± 2	5 ± 1	
AlSi10Mg	F	-	-	-	-	268 ± 2	333 ± 15	1,4 ± 0,3	[ABO16b]
	T6	520	1	160	6	239 ± 2	292 ± 4	3,9 ± 0,5	
AlSi10Mg	F	-	-	-	-	255 ± 13	377 ± 13	2,2 ± 0,2	[FOU18]
	A	-	-	300	2	158 ± 9	256 ± 10	9,9 ± 0,4	
	T6	510	6	170	4	210 ± 11	284 ± 12	4,9 ± 0,3	

A. Lutz, *Methodische Werkstoff- und Prozessentwicklung für die additive
Serienproduktion von automobilen Strukturkomponenten*, Light Engineering
für die Praxis, https://doi.org/10.1007/978-3-662-66532-9

Werkstoff	WBH	Lösungsglühen		Auslagerung		Mechanische Kennwerte			Quelle
		Temp. [°C]	Dauer [h]	Temp. [°C]	Dauer [h]	$R_{p0,2}$ [MPa]	R_m [MPa]	A [%]	
AlSi10Mg	A	-	-	300	2	170	273	15	[ZHU19]
	T6	535	1	190	10	164	214	11	
	F	-	-	-	-	322 ± 8	434 ± 11	5,3 ± 0,2	[LI16]
AlSi10Mg	T6	450	2	180	12	196 ± 4	282 ± 6	13,4 ± 0,5	
	T6	500	2	180	12	126 ± 2	214 ± 5	23,5 ± 1	
	T6	550	2	180	12	91 ± 2	168 ± 2	23,7 ± 0,8	
	F	-	-	-	-	220 a / 279b	476a / 475b	5,5a / 7,5b	
AlSi10Mg	A	-	-	300	2	175a / 180b	290a / 285b	14,2a / 18,6b	[TAK17a]
	LG	530	6	-	-	139a / 153 b	245a / 269b	18,1a / 18,3b	
AlSi10Mg	F	-	-	-	-	235 ± 5	386 ± 10	7,5 ± 1	[HAD19]
	F	-	-	-	-	230	355	5	
AlSi12	LG	500	0,5	-	-	110	190	25	[LI15]
	LG	500	4	-	-	105	185	24	
	F	-	-	-	-	260	380	≈ 2,5	
	A	-	-	200	6	260	≈ 330	≈ 2,5	
AlSi12	A	-	-	300	6	≈ 180	≈ 270	≈ 4	[PRA14]
	A	-	-	400	6	≈ 115	≈ 205	≈ 9,5	
	A	500	6	-	-	95	≈ 140	≈ 13	
AlMgty80®	F	-	-	-	-	≤ 220	> 340	≤ 15	[FEH20a]
	A	-	-	450	8	≤ 165	> 320	≤ 21	

Werkstoff	WBH	Lösungsglühen Temp. [°C]	Dauer [h]	Auslagerung Temp. [°C]	Dauer [h]	Mechanische Kennwerte $R_{p0,2}$ [MPa]	R_m [MPa]	A [%]	Quelle
AlMgty90®	F	-	-	-	-	≤ 250	> 380	≤ 8	[FEH20b]
	A	-	-	450	8	≤ 200	> 410	≤ 25	
AlMg3,6Zr1,18	F	-	-	-	-	221a 220b	287 a 282 b	25,6 a 29 b	[CRO18]
	A	-	-	400	8	350 a 353 b	382 a 386 b	17,1 a 18,6 b	
AlMg3,66 Zr1,57	F	-	-	-	-	282 a 290 b	332 a 329 b	24 a 25,2 b	[CRO18]
	A	-	-	400	8	349 a 365 b	383 a 389 b	19,5 a 23,9 b	
Scalmalloy®	F	-	-	-	-	330	360	15	[SCH20]
	A	-	-	325	4	505	510	11	
	F	-	-	-	-	287 ± 3	427 ± 8	-	
Scalmalloy®	A	-	-	325-350	4h	450 ± 9 a 453 ± 20 b	515 ± 16 a 530 ± 12 b	7,7 ± 1,9 a 10,3 ± 1,4 b	[SPI17a]
AlSi10Mg	F	-	-	-	-	230a 270b	460a 450b	6a 10b	[EOS21]
	A	-	-	270	1,5	200	310	9	
	T6	530	0,5	165	6	250a 260b	310a 320b	11a 11b	

Werkstoff	WBH	Lösungsglühen		Auslagerung		Mechanische Kennwerte			Quelle
		Temp. [°C]	Dauer [h]	Temp. [°C]	Dauer [h]	$R_{p0,2}$ [MPa]	R_m [MPa]	A [%]	
AlSi10Mg	A	-	-	0 - 240	1	205 ± 3a	344 ± 2a	6 ± 1a	[CON18]
				240	6	211 ± 4b	329 ± 4b	9 ± 1b	
	F	-	-	-	-	210-272a	353-482a	2-5a	
						239-292b	372-473b	4-7b	
AlSi10Mg	LG	525	6	-	-	126-160a	221-254a	11-18a	[VDI3405b]
						132-151b	236-257b	10-17b	
	T6	525	6	165	7	222-260a	281-309a	6-10a	
						225-362b	287-311b	5-10b	

Legende: F = Fertigungszustand   A = Auslagern/Glühen/Spannungsarmglühen (T ≤ 450 °C)   LG = Lösungglühen (T > 450 °C)
a = vertikal / stehend (0°)   b = horizontal / liegend (90°)

A2: Wärmebehandlungsmodifikationen - AlSi10Mg (in Kapitel 6.3)

Variante	Glühen		Abschrecken [°C]	Auslagerung		Beschreibung
	Temp. [°C]	Zeit [min]		Temp. [°C]	Zeit [min]	
F (as-built)	-	-	-	-	-	Fertigungszustand
T6	525	180	20-50	165	360	T6 (klassische Wärmebehandlung für AlSi10Mg-Gusswerkstoffe)
T6_mod1	525	30	20-50	165	180	T6 mit verkürzter Glühzeit und Auslagerung
T6_mod2	525	10	20-50	165	180	T6 mit stark verkürzter Glühzeit und verkürzter Auslagerung
T6_mod3	525	30	20-50	165 175	360 15	T6 und Simulation des Wärmeeinflusses einer kathodischen Tauchlackierung
T6_mod4	525	30	20-50	165	90	T6 mit verkürzter Glühzeit und verkürzter Auslagerung
300 °C/ 120 min	300	120	-	-	-	Spannungsarmglühen
380 °C/ 60 min	380	60	-	-	-	WBH mit Fokus auf Duktilitätserhöhung
400 °C/ 10 min	400	10	-	-	-	WBH mit Fokus auf Duktilitätserhöhung mit erhöhter Temperatur und stark verkürzter Haltezeit
400 °C/ 30 min	400	30	-	-	-	WBH mit Fokus auf Duktilitätserhöhung mit erhöhter Temperatur und verkürzter Haltezeit

Printed in the United States
by Baker & Taylor Publisher Services